新・物質科学ライブラリ＝6

基礎 量子化学[新訂版]

－物質の理解で拡がる分子の世界－

馬場正昭　著

サイエンス社

サイエンス社のホームページのご案内
https://www.saiensu.co.jp
ご意見・ご要望は　rikei@saiensu.co.jp　まで．

新訂版まえがき

　高等学校の理科の教科書が 2023 年度から改訂され，化学の内容にも表現の修正や新たに導入されたテーマが見られる．まだ量子化学は明確には取り入れられていないが，分子における電子の軌道や電荷の偏りといった概念が紹介されていて，少しずつではあるが昨今の化学の飛躍的な進歩に沿った形にしようという意図が感じられる．物質を理解して適切に使っていくために，量子化学はこれからますます重要になるが，高等学校での学びを将来につなげていくためには，大学の基礎教育課程で量子化学の基礎をきちんと学習することが肝要になることは疑いない．

　本書の初版は 2004 年に出版され，主に化学を専攻しようという学生を対象とした教科書として活用されてきた．より幅広い層を対象にするため，また，時代に即した内容にアップデートするため，今回機会を頂いて改訂することとなった．目指しているのは，高大接続をよりスムーズにし，優れた科学者やエンジニアを育成することである．かなりわかりやすく解説したつもりではあるが，量子化学自体がさほど安易な学問ではないので，粘り強く勉強を続けてほしい．

　第 1 章では，量子化学の基本的な考え方と理論的な取扱いをまとめてある．すぐには理解できないことも多いが，基本的な数式の詳しい解説と例題を示してあるので，一つずつ理解が深められるとよい．量子力学の根幹をなすシュレーディンガー方程式は取っ付きにくいものではあるが，繰り返し学習することによって理解が深まる．決まったエネルギーの値しかないエネルギー準位や波動関数，粒子の存在確率なども，学習が進むにしたがってそのイメージが湧いてくる．

　第 2 章では，分子軌道法を学ぶ．化学結合を担っているのは電子であるが，そのエネルギー準位，軌道や存在確率の空間的な分布を，シュレーディンガー方程式の近似解から理解することができ，分子の構造や物質の性質を予測することが可能となる．ここでは，典型的な分子を例にとって計算を行い，理論的な取扱いを身につける．

　第 3 章では，分子における原子核の運動，主に振動と回転のエネルギー準位について解説する．分子を構成している原子核は絶えず運動して位置を変えているが，分子間のエネルギー移動や化学反応の過程では，それが重要な役割を果たしている．例えば，二酸化炭素の分子振動は太陽光の赤外線吸収を誘起し，地球温暖化につながっていると考えられる．電子レンジはマイクロ波照射によって水分子の回転運動を促進し，有効な加熱が可能となる．

　量子化学によって分子のエネルギー準位が予測できるが，これを実験的に検証しようとすると，分子と電磁波の相互作用を活用し，物質による電磁波の吸収と放出を観測することが必要となる．人間の目で感知できる波長の光（可視光）だけではなく，電波，赤外線，紫外線などの広い波長領域の電磁波による分子スペクトルを観測すると，分子のエネルギー準位を正確に決定することができる．第 4 章では，具体的な例を示しながらその手法を解説する．

　分子スペクトルや，電磁波の吸収放出強度の時間変化の測定結果を，自然や社会で重要な役割を果たしている物質の分析や適切な利用に役立てることができる．これが量子化学の応用であり，第 5 章では，近年研究が進んだ応用例を紹介する．自然界については，地球環境問題の解決と宇宙スペクトルの解明，社会的な要請として医療と半導体に注目して，概要を解説する．

　現代社会を支えている多くの化学物質を理解すると，複雑な機能を実現している分子の多様性が浮かび上がってくる．その世界がさらに広がり，次世代の持続可能社会へとつながっていくのも，量子化学があってこそである．

　科学を志す若い世代に奨めているのが，学習や研究におけるコンピュータの活用である．特に量子化学では，エネルギー，分子の結合長や結合角，分子軌道を求めるのに大規模な数値計算が必要であり，コンピュータを駆使できると大きな成果が得られ，研究の質も飛躍的に高くなる．それと同時に，研究結果をわかりやすいグラフや動画によって視覚的に示すことは，21 世紀のサイエンスとしてはとても大事なことである．まずは自力でトライしてほしいが，サイエンス社のサポートページ（https://www.saiensu.co.jp）に演習問題の詳解やプログラミング演習の解答例が示してあるので，参考にして課題をクリアしてもらえれば幸いである．

　新訂版の原稿を作成するにあたって，福岡大学理学部物理科学科の御園雅俊教授に多くの貴重なアドバイスを頂いた．厚く御礼を申し上げる．また，

サイエンス社の田島伸彦編集部長に深く感謝の意を表したい．田島氏の教科書出版に対する並々ならぬ熱意がなければ，本書が生まれることはなかった．鈴木綾子，仁平貴大両氏には本書の推敲・編集で並々ならぬ御尽力を頂いた．お二人のポテンシャルとモーメンタムには敬服しかなく，深く感謝する．また，筆者の研究室から巣立っていった多くの学生にも多くの力をもらった．最後に，本書の執筆を支援してくれた筆者の家族へ感謝を表し，まえがきを締めたい．

2023 年 5 月

馬 場 正 昭

まえがき

　量子論の誕生で化学は大きく変わった．錬金術から始まった経験的な方法論から，分子軌道を基にして理論的に物質を理解する学問として，今でも発展を続けている．その中でも量子化学とよばれる分野はとりわけ重要で，その基本を習得することは化学を志す人には大切である．しかし，少し高度な知識と柔軟な考え方が必要なので，高等学校の「化学」課程ではこれについてはほとんど触れられていない．というわけで，理科系の学生諸君は，大学の基礎科目としてはじめて「量子化学」に出会うことになる．

　そこでまず必要なのは，分子を理解するための基礎的な知識，たとえば元素の周期律表，物質の状態や性質，基本的な化学反応などである．さらに力学や運動方程式を扱う物理学，若干の数学も知っておかなければならない．そのほとんどは20世紀までの高等学校の指導要領に含まれており，したがってこれまでの量子化学の教科書はそれを前提として書かれている．

　ところが，2003年から導入された新課程では高度で複雑なところが少し除かれ，また一部が選択科目になったので，必ずしもみんなが上に挙げた基礎知識を身につけているわけではなくなってしまう．そこで，2006年からの大学新入生はこれまでと違う背景をもつようになり，それに対応した教科書が必要となる．本書はそのような多様な読者にも対応できるよう，わかりやすく量子化学の基礎を解説した大学の基礎課程の教科書である．

　ただし，その視点はあくまでも分子に置かれていて，量子論を用いて分子スペクトルの観測結果をいかに理解するかという立場から解説を進めている．したがって，これまで用いられていた量子化学の教科書とは構成が少し違っているが，より身近に分子を感じ取り，それを理解するためのひとつのアプローチであると考えてほしい．もちろん，限られた紙面で説明が不充分なところもあるが，それはさらに専門的な教科書を読んで補ってもらいたい．本書はそういう意味で，大学ではじめて量子化学を学ぶ人たちへの入門書である．

　筆者は長年，分子スペクトルの研究を続けてきた．光を使って分子を見てみると，それはまるで人間のようである．活発な分子，静かな分子，いろん

な形のいろんな分子があってとても面白い．量子化学を用いるとそのわけを
知ることができる．分子スペクトルはとても美しい分子からのメッセージで
ある．そのままでは何もわからないが，量子論を学ぶとこれが解読できる．
いわば，分子と対話するためのことばであり，本書を読んでその楽しさを味
わってほしい．

　京都大学大学院理学研究科の山内淳教授には，多くの有難いご助言を頂い
た．また，この本の出版に多大なお世話を頂いた株式会社サイエンスの田島
伸彦さんと鈴木綾子さんに深く感謝する．最後に，執筆を助け筆者を支えてく
れた妻咲恵，瑞樹，萌樹，禅樹，律樹の息子達にこの場を借りて感謝したい．

　2004 年 3 月

　　　　　　　　　　　　　　　　　　　　　　　　　　馬 場 正 昭

目　　次

　本書を教科書としてお使いになる先生方のために，講義用スライドを用意しております．必要な方はご連絡先を明記のうえサイエンス社編集部（rikei@saiensu.co.jp）までご連絡下さい．

第1章

原子軌道とエネルギー準位

　量子化学を学ぶ大きな目的は，量子力学を用いて分子を理解することである．分子は，いくつかの原子が化学結合によって結びつけられてできている．原子の存在はラザフォードの金の薄膜での α 線の反射実験によって確かめられ，原子核とその周りを回る電子によって構成されていることが知られている．多くの実験結果は，原子のもつ電子のエネルギーは常に同じ値であることを示しているが，このことはニュートン力学では説明ができない．それを解決したのが量子力学であり，エネルギー準位と電子の軌道（波動関数），そして周回運動に伴う角運動量が重要な概念である．この章ではその基本的な考え方をわかりやすく解説する．

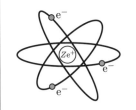

原子モデル

　原子は，$+Ze$（Z は原子番号）の電荷をもつ原子核の周りを $-e$ の電荷をもつ電子が周回運動していると考える．電子の波動性を考えて角運動量を量子化すると，特定の値のエネルギーに限られたエネルギー準位を説明することができる．

1.1 原子の構造と前期量子論

H 原子の構造　　原子は中心の原子核とその周りを回っている電子によってできている．まずは，最も簡単な H 原子について考えてみよう．H の原子核は陽子であり，$+e$ の電荷をもつ（e は電気素量）．その周りを $-e$ の電荷をもつ電子（質量 m，速度 v）が回っていると考えるのだが，ここでは簡単のために円軌道だと仮定する（図 **1.1**）．周回運動が定常的に続くためには，電子と原子核の間に働く電気的な引力（クーロン（Coulomb）力）と電子の遠心力が釣り合っていなければならない．これを式で表すと次のようになる．

$$\frac{e^2}{4\pi\varepsilon_0 r^2} = \frac{mv^2}{r} \tag{1.1}$$

この式の左辺はクーロン力，右辺は遠心力を表す．r は，原子核と電子の間の距離である．これから，

$$r = \frac{1}{4\pi\varepsilon_0}\frac{e^2}{mv^2} \tag{1.2}$$

という関係式がえられ，電子の円運動の半径は速度の二乗に逆比例して，任意の値をとることができる．ところが，多くの実験結果は，電子のもつエネルギーは決まっていて，特定の値しかとらないことを示している．これを説明するために，ボーア（Bohr）は，電子が波の性質をもっているという仮説を導入した．

電気素量
(elementary charge)
陽子のもつ電荷量

$e = 0.91095$
　　$\times 10^{-30}$ [C]

電子は $-e$ の電荷をもつ．

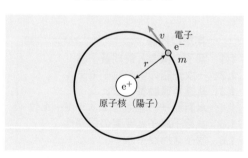

図 **1.1**　H 原子の構造

粒子性と波動性　　波というと光を連想するが，光を粒子と考えないと説明できない実験結果もある．それは**光電効果**（図 1.2）であって，金属表面に光を当てると電子が飛び出してくる現象である．飛び出してくる電子のエネルギーは光の強度には依存せず，光を強くすると，電子の数が増加する．これは，光を粒子（**光子**）だと考えると理解でき，光は波動性と粒子性の両方をもっていることが明らかになった．

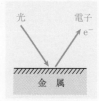

図 1.2　光電効果

　ド・ブロイ（de Broglie）は，粒子も波動性をもつのではないかと類推し，その波長を

$$\lambda = \frac{h}{p} \qquad (1.3)$$

と考えた．これを**ド・ブロイ波長**という．$p = mv$ は粒子の運動量，h は**プランク（Planck）定数**とよばれる定数である．原子核の周りを回る電子も波動性をもっていると考え，一周の軌道の長さがド・ブロイ波長の整数倍であれば波の位相が揃い，定常的な周回運動が保たれる．これを式で表すと，

$$2\pi r_n = n\frac{h}{mv} \qquad n = 1, 2, 3, \ldots \qquad (1.4)$$

となる．これを**ボーアの量子条件**といい，n を**量子数**とよぶ．(1.2) 式と (1.4) 式から，

$$r_n = \frac{\varepsilon_0 h^2}{\pi m e^2} n^2 = a_0 n^2 \qquad (1.5)$$

がえられ，円運動の半径は特定の値だけに限られる．

$$a_0 = \frac{\varepsilon_0 h^2}{\pi m e^2} \qquad (1.6)$$

を**ボーア半径**という．それぞれの軌道の電子エネルギーは

$$E_n = -hcR_\infty \frac{1}{n^2} \qquad (1.7)$$

で与えられる．R_∞ は**リュードベリ（Rydberg）定数**とよばれる．

ド・ブロイ波長
(de Broglie wavelength)

$$\lambda = \frac{h}{p}$$

ド・ブロイ波は

$$\psi(x) = A\sin\left(\frac{2\pi x}{\lambda}\right)$$

と表される．これを波動関数という．

プランク定数
(Planck constant)

$h = 6.626 \times 10^{-34}$
$\qquad [\mathrm{m^2\,kg\,s^{-1}}]$
$= 6.626 \times 10^{-34}\,[\mathrm{J\,s}]$

ボーア半径
(Bohr radius)

$a_0 = 0.053\,[\mathrm{nm}]$
$\quad = 5.3 \times 10^{-11}\,[\mathrm{m}]$

リュードベリ定数
(Rydberg constant)

$R_\infty = 1.1 \times 10^7\,[\mathrm{m^{-1}}]$

補足　**光子のエネルギー**　光を粒子と考えたとき，これを光子とよぶが，光子一個のエネルギーは次で与えられる．

$$E = h\nu = \frac{hc}{\lambda} \tag{1.8}$$

これを，**プランク–アインシュタイン** (Planck–Einstein) の式という．ここで，

$$\nu = \frac{c}{\lambda}$$

は光を波と考えたときの振動数，λ は波長，c は光の速度（$3 \times 10^8\,\mathrm{m\,s^{-1}}$）である．

　光電効果の実験結果は，光を粒子と考えないと説明できないが，光子に質量はない．しかしながら，プランク–アインシュタインの式から，そのエネルギーは波と考えたときの周波数に比例するので，たとえば，紫外線や X 線などの波長が短くて周波数の大きな光（電磁波）のエネルギーは大きく，逆に赤外線や電波などの波長が長くて周波数の小さな光（電磁波）のエネルギーは小さい．

　さらにアインシュタインは，質量をもつ粒子のエネルギーに対して

$$E = mc^2 \tag{1.9}$$

という式を提唱した．これは，質量自体もエネルギーであるということを示しており，核分裂反応でわずかに質量が減少するときに，膨大な熱エネルギーが放出される現象で証明されている．質量をもつ分子の運動量は質量と速さの積で与えられるが，波の性質であるド・ブロイ波長も考えることができる．このように，電子や陽子などの粒子には波動性もあり，質量はないが光には粒子性もある．粒子が周期運動をすると，エネルギーは特定の値しか許されず，それを求めるのが，シュレーディンガー (Schrödinger) 方程式である．

補足　**H 原子の電子のエネルギー**　陽子の周りを円運動する電子の全エネルギーは運動エネルギーとクーロンポテンシャルエネルギーの和で

$$E = \frac{1}{2}mv^2 - \frac{e^2}{4\pi\varepsilon_0 r}$$

と表される．電子が速度と回転半径を一定に保って定常的に円運動するためには，電子に働くクーロン引力と遠心力が釣り合っていなければならない（図 **1.3**）．したがって，

$$\frac{mv^2}{r} = \frac{e^2}{4\pi\varepsilon_0 r^2}$$

が成り立ち，上の二つの式から

$$E = \frac{1}{2}mv^2 - \frac{e^2}{4\pi\varepsilon_0 r} = -\frac{e^2}{8\pi\varepsilon_0 r}$$

となる．よって，(1.5), (1.6) 式から電子のエネルギーは

$$E_n = -hcR_\infty \frac{1}{n^2} \qquad n = 1, 2, 3, \ldots$$

で与えられる．この式から，エネルギーの最も小さい状態では

$$E_1 = -hcR_\infty$$

であり，エネルギーが高くなるにつれて整数の二乗分の一でゼロエネルギーに収束していき，円運動を考えると，その回転半径は整数の二乗に比例して大きくなっていく．

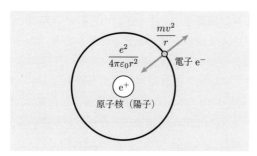

図 **1.3**　クーロン引力と遠心力

▌ 1.2 一次元箱の中の粒子モデル

シュレーディンガー方程式　　(1.7) 式は，実際に観測される原子のスペクトル線の波長を見事に説明したのだが，単純な円運動を仮定しているなど理論としては不完全であった．これを完全なものとしたのがシュレーディンガー方程式であり，一般に次のように表される．

$$\left\{ -\frac{\hbar^2}{2m} \left(\frac{\partial^2}{\partial x^2} + \frac{\partial^2}{\partial y^2} + \frac{\partial^2}{\partial z^2} \right) + U(x, y, z) \right\} \psi(x, y, z)$$
$$= E\psi(x, y, z) \tag{1.10}$$

2π **で割った**
プランク定数 $\hbar$

$\hbar = 1.055 \times 10^{-34}$
$[\mathrm{m^2\,kg\,s^{-1}}]$
$= 1.055 \times 10^{-34}$
$[\mathrm{J\,s}]$

ここで，m は粒子の質量，(x, y, z) は粒子の位置座標，$U(x, y, z)$ はその位置での**ポテンシャルエネルギー**，$\psi(x, y, z)$ は波動関数である．左辺の括弧の中には二次偏微分が含まれていて，これを**演算子**という．シュレーディンガー方程式は，特定の関数に演算子を作用させたら，粒子に許されるエネルギーの値が求まる，という形になっている．このような形の方程式を**固有値方程式**という．

ハミルトン演算子　　(1.10) 式の左辺の括弧の中はエネルギーを表す演算子だと考えることができ，第一項の位置座標についての二次偏微分は，粒子の運動エネルギーに対応している．これにポテンシャルエネルギーを加えると，粒子の全エネルギーを表す演算子となり，これを**ハミルトン (Hamilton) 演算子** $(\widehat{H})$ とよんでいる．これを用いると，シュレーディンガー方程式は

$$\widehat{H}\psi(x, y, z) = E\psi(x, y, z) \tag{1.11}$$

と表すことができる．

補足 **固有値方程式** 物理量 f を表す演算子を $\widehat{f}$ とすると，その固有値方程式は

$$\widehat{f}\psi(x,y,z) = f\psi(x,y,z) \qquad (1.12)$$

で与えられる．この方程式で求められる物理量 f の値は特定のものに限られ，その値を**固有値**という．また，その固有値を与えるときの $\psi(x,y,z)$ を**固有関数**という．シュレーディンガー方程式の場合は，固有値は特定の準位のエネルギーであり，固有関数はその準位の波動関数になる．

補足 **演算子** ハミルトン演算子の中の位置座標についての二次偏微分は粒子の運動エネルギーを表す．これから粒子の運動量を扱うことが多いが，その演算子は

$$\begin{aligned}
\widehat{p_x} &= -i\hbar\frac{\partial}{\partial x} \\
\widehat{p_y} &= -i\hbar\frac{\partial}{\partial y} \\
\widehat{p_z} &= -i\hbar\frac{\partial}{\partial z}
\end{aligned} \qquad (1.13)$$

で表される．位置座標についての演算子は，次のように座標そのものを用いる．

$$\begin{aligned}
\widehat{x} &= x \\
\widehat{y} &= y \\
\widehat{z} &= z
\end{aligned} \qquad (1.14)$$

例題 1 ポテンシャルエネルギーが 0 の一次元空間での電子のシュレーディンガー方程式を示せ．

解 一次元空間では，偏微分は全微分となり，シュレーディンガー方程式は，ポテンシャルエネルギーが 0 なので運動エネルギーの項だけになり

$$-\frac{\hbar^2}{2m}\frac{d^2}{dx^2}\psi(x) = E\psi(x)$$

で示される．

波動関数と存在確率　　シュ
レーディンガー方程式を解く
と，エネルギー固有値と固有
関数が求まる．エネルギー固
有値は特定の決まったある値
で，粒子はその大きさのエネ
ルギーをもつ状態にあり，こ
れを**エネルギー準位**という．
一つのエネルギー準位には，
一つの固有関数（波動関数）

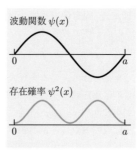

図 **1.4**
波動関数と存在確率

が対応していて，その大きさの二乗がその位置での粒子
の存在確率を表すと考える．図 **1.4** は，次項で扱う一次
元箱の中の粒子の固有関数の例であるが，波動関数は

$$\psi(x) = A \sin\left(\frac{2\pi x}{a}\right) \tag{1.15}$$

で表され，$x = 0, \frac{a}{2}, a$ で 0 の値をとる．その二乗が存在
確率で次のように表される．

$$\psi^2(x) = A^2 \sin^2\left(\frac{2\pi x}{a}\right) \tag{1.16}$$

これは $x = \frac{a}{4}, \frac{3a}{4}$ で極大をとる．すなわち，この 2 ヵ
所で粒子は存在確率が大きく，もし位置が観測できれば
ここで見出される確率も大きいということになる．存在
確率という意味では，波動関数は有限，一価，連続でな
ければならない．また，これを全空間で積分した値が 1
となるように，係数 A を定めるのがルールで，これを波
動関数の**規格化**という．(1.15) 式の場合は次のように A
が定まる．

$$\int_0^a \psi^2(x)\,dx = A^2 \int_0^a \frac{1 - \cos\left(\frac{4\pi x}{a}\right)}{2}\,dx = 1$$

$$\therefore \quad A = \sqrt{\frac{2}{a}} \tag{1.17}$$

波動関数
(**wavefunction**)
波動関数の二乗は
ある位置での粒子
の存在確率を表す．
したがって，有限，
一価，連続でなけれ
ばならない．

$$\sin^2 x = \frac{1 - \cos 2x}{2}$$

一次元箱の中の粒子　　最も簡単な系を考え，シュレーディンガー方程式を解いてみよう．質量 m の粒子を箱の中に閉じ込めると，そのエネルギーはどうなるであろうか．簡単のためにポテンシャルエネルギーが0である一次元空間を考えることにする．三次元の箱は直方体であるが，二次元では長方形，一次元では線分になる．いま $0 \leq x \leq a$ の箱の中に粒子を閉じ込め，この中では $U = 0$ とする．粒子は外へ出られないから $x < 0, a < x$ では $U = \infty$ とする．これを**井戸型ポテンシャル**といい，図 1.5 に示してある．

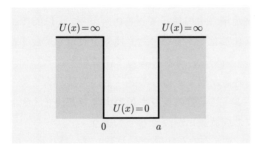

図 **1.5**　井戸型ポテンシャル

　この一次元箱の中の粒子のシュレーディンガー方程式は

$$-\frac{\hbar^2}{2m}\frac{d^2}{dx^2}\psi(x) = E\psi(x) \tag{1.18}$$

で表される．この箱の外では粒子は存在しないので存在確率，波動関数ともに0である．これから

$$\psi(0) = \psi(a) = 0 \tag{1.19}$$

がえられ，これを**境界条件**という．これを (1.18) 式に代入すると，次のエネルギー固有値と固有関数が求まる．

$$E_n = \frac{h^2}{8ma^2}n^2 \qquad n = 1, 2, 3, \dots \tag{1.20}$$

$$\psi_n(x) = \sqrt{\frac{2}{a}}\sin\left(\frac{n\pi x}{a}\right) \qquad n = 1, 2, 3, \dots \tag{1.21}$$

このように，エネルギー固有値も固有関数も正の整数値 n で規則正しく規定される．n は**量子数**とよばれる．

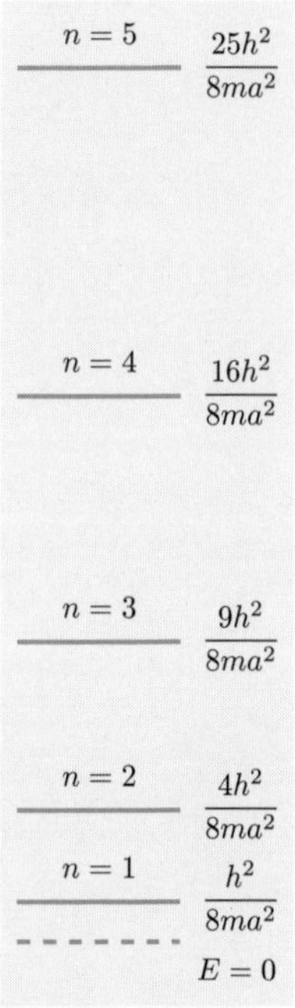

$$n = 5 \quad\quad \frac{25h^2}{8ma^2}$$

$$n = 4 \quad\quad \frac{16h^2}{8ma^2}$$

$$n = 3 \quad\quad \frac{9h^2}{8ma^2}$$

$$n = 2 \quad\quad \frac{4h^2}{8ma^2}$$

$$n = 1 \quad\quad \frac{h^2}{8ma^2}$$

$$E = 0$$

図 1.6　一次元箱
の中の粒子のエネ
ルギー準位

箱の中の粒子は量子化される　　一次元箱の中の粒子の
エネルギーは (1.20) 式で与えられる.

$$E_n = \frac{h^2}{8ma^2}n^2 \quad\quad n = 1, 2, 3, \ldots$$

これはとても不思議なことである. n は整数であり, エ
ネルギーの値は制限されて‘とびとびの値’をとり, それ
以外は許されない (図 1.6). このような場合, 粒子は**量
子化されている**という. エネルギーは上式のように量子
数の簡単な式で表され, 規則正しいとびとびの値をもつ.
その許されたエネルギーの状態を**エネルギー準位**といい,
図 1.6 のように水平線で示す.

　一次元箱の中の粒子では, $0 \leq x \leq a$ 以外では波動
関数を 0 とした. すなわち, 境界を設定して粒子をその
中に閉じ込めた. それによって, このとびとびのエネル
ギー固有値が出てくる. ちょうど, 楽器が音を奏でるの
と同じように, 弦の長さや箱の大きさが決まると音の高
さ (波の周波数) が決まってしまう.

　また, 最も安定な状態でもエネルギーが 0 にならない.
このエネルギーを**零点エネルギー**といい, 粒子は許され
る最低エネルギーの状態でも静止することがなく, 定常
的な振動運動を継続しているということを示している.

例題2 一次元箱の中の粒子の固有値と固有関数を求めよ.

解 (1.15) 式の固有関数を

$$\psi(x) = A \sin kx + B \cos kx$$

とする. 箱の外 $x < 0, a < x$ では波動関数は 0 であり, 有限, 一価, 連続でなければならないので,

$$\psi(0) = \psi(a) = 0$$

と定められ, $\psi(0) = 0$ を固有関数の式に代入すると, 直ちに $B = 0$ がえられる. さらに, $\psi(a) = 0$ を代入すると

$$A \sin ka = 0$$

になり

$$\therefore \quad ka = n\pi \qquad n = 1, 2, 3, \ldots$$

したがって, 固有関数は

$$\psi_n(x) = A \sin\left(\frac{n\pi x}{a}\right) \qquad n = 1, 2, 3, \ldots$$

になる. これを規格化するためには

$$\int_0^a \psi^2(x)\, dx = \frac{A^2}{2} \int_0^a \left\{ 1 - \cos\left(\frac{2n\pi x}{a}\right) \right\} dx = 1$$

でなければならない.

$$\therefore \quad \frac{A^2 a}{2} = 1$$

$$\therefore \quad \psi_n(x) = \sqrt{\frac{2}{a}} \sin\left(\frac{n\pi x}{a}\right)$$

これを (1.18) 式に代入して微分を実行すると

$$E_n = \frac{\hbar^2}{2m}\left(\frac{n\pi}{a}\right)^2 = \frac{h^2}{8ma^2} n^2$$

がえられる.

波動関数の一般解
$\psi(x) = A \sin kx + B \cos kx$
または
$\psi(x) = A e^{ikx} + B e^{-ikx}$

プログラミング
演習 1-A
一次元箱の中の粒
子の固有関数と存
在確率のグラフを
プログラムを作っ
て描いてみよう.

$\psi(x)$
$= A \sin \left(\dfrac{n\pi x}{a}\right)$

$\psi^2(x)$
$= A^2 \sin^2 \left(\dfrac{n\pi x}{a}\right)$

存在確率は均一でない　　　一次元箱の中の粒子では，量子数 n で表されるとびとびのエネルギー準位がえられ，そのそれぞれに対して固有関数は (1.21) 式

$$\psi_n(x) = \sqrt{\frac{2}{a}} \sin \left(\frac{n\pi x}{a}\right) \qquad n = 1, 2, 3, \ldots$$

で与えられる．これらの固有関数の形はまさしく両端を固定した弦の振動そのものである．この二乗が粒子の存在確率を表すが，それを図 **1.7** に示してある．$n = 1$ ではちょうど楽器の弦をはじいたような定在波を示していて，波の大きさもその二乗も中央，$x = \frac{a}{2}$ のところに最大値をもつ．粒子は箱の中央に集まっていて端の方にはあまりいないということになる．このようにポテンシャルエネルギーが箱の中のどこでも 0 であるのにもかかわらず，その存在確率は空間的に均一ではない．さらに $n = 2$ になると，中央では逆に波動関数は 0 となって粒子は全く存在できないという分布になっている．これが**量子効果**であり，粒子の状態を考える上で，どこに高い確率で存在するかがとても重要なことになる．

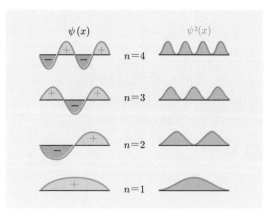

図 **1.7**　一次元箱の中の粒子の固有関数と存在確率

例題 3　波動関数 $\psi_1(x)$ と $\psi_2(x)$ はお互いに直交していることを示せ.

解　二つの波動関数の積を全空間にわたって積分し, その値が 0 になることを示せばよい.

$$\int_0^a \psi_1(x)\psi_2(x)\,dx$$
$$= A^2 \int_0^a \sin\left(\frac{\pi x}{a}\right)\sin\left(\frac{2\pi x}{a}\right)dx$$
$$= -\frac{1}{2}A^2 \int_0^a \left\{\cos\left(\frac{3\pi x}{a}\right) - \cos\left(\frac{-\pi x}{a}\right)\right\}dx$$
$$= \frac{1}{2}A^2 \left[\frac{a}{3\pi}\sin\left(\frac{3\pi x}{a}\right) + \frac{a}{\pi}\sin\left(\frac{-\pi x}{a}\right)\right]_0^a = 0$$

この場合は $0 \le x \le \frac{a}{2}$ と $\frac{a}{2} \le x \le a$ で関数の極性が逆なので, 計算しなくとも直交していることは容易にわかる.

まとめ　**一次元箱の中の粒子では？**　ここでえられた結果はわれわれがふつうに扱っている質量も空間も大きい粒子（量子力学に対して古典力学にしたがうので, これを**古典粒子**という）といくつかの点で全く異なる.

> i)　粒子のエネルギーは任意ではなく, とびとびの値をもつ. その値は質量と空間の大きさで決まる.
> ii)　粒子の存在確率は空間的に均一でない. それは波動関数によって定められ, エネルギー準位によって異なる.
> iii)　最も安定な準位でもエネルギーは 0 にならない.

　一次元箱の中の粒子というのは簡単で理想的なモデルであり, これを実現するのは難しいが, これらの結果は量子論から出てくる特徴をよく表している. またこれを三次元に拡張しても本質的には変わらない.

　これがなぜかを理解するのは容易ではないが, 1.4 節や 2.2 節に示す原子や分子の例でこの結果をある程度実証することができる. 量子化学の基本である.

波動関数の直交性

$$\int_0^a \psi_1(x)\psi_2(x)\,dx = 0$$

が成り立つとき, 二つの波動関数は直交しているという. 一つのシュレーディンガー方程式の固有関数はすべてお互いに直交している.

$$\sin x \, \sin y = -\frac{1}{2}\{\cos(x+y) - \cos(x-y)\}$$

1.3 軌道角運動量とスピン

角運動量の取扱い 粒子がある点Oの周りを周回しているとき，この運動をよく表してくれるのが**角運動量**である．これは，その周回運動に垂直な方向をもつベクトルで，円運動であれ

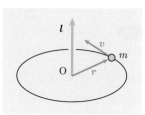

図 1.8 角運動量

ばその大きさは回転半径 r，質量 m，そして速度 v に比例する．原子核の周りを周回している電子を考えてみよう（図 **1.8**）．しかしながら，不確定性原理によって，そのベクトルの位置と方向をきちんと決めることはできない．結果的にわれわれが知ることのできるのはこの角運動量の大きさとある一方向の成分である．まず，角運動量の大きさは

$$\widehat{l}^2\psi = l(l+1)\hbar^2\psi \tag{1.22}$$

という固有値方程式で与えられる．ここで，$\widehat{l}^2$ は角運動量の二乗の演算子であり，その固有値が $l(l+1)\hbar^2$ になる．l は角運動量の大きさを定める量子数で整数または半整数である．また，その z 方向の成分は

$$\widehat{l}_z\psi = m_l\hbar\psi \tag{1.23}$$

で与えられる．ここで，$\widehat{l}_z$ は角運動量の z 成分の演算子であり，その固有値は $m_l\hbar$ になる．この m_l は方向を表す量子数で

$$m_l = l,\, l-1,\, l-2,\ldots,\, -l \tag{1.24}$$

の $(2l+1)$ 個の値をとる．原子や分子の角運動量を考えるのに必要な方程式は (1.22) 式と (1.23) 式の二つである．

不確定性原理
(uncertainty principle)

$$\Delta x \cdot \Delta p \geq \frac{h}{4\pi}$$

が成り立つとき，粒子の位置と運動量を観測しようとしても，それぞれの不確定性の積はプランク定数より小さくはならない．すなわち，二つを同時に正確には測定できないことになる．

補足 **古典的な角運動量** いま，質量 m の粒子が原点 O の周りを円運動している．この粒子の位置ベクトルを $\boldsymbol{r}(x,y,z)$，運動量を $\boldsymbol{p}(p_x,p_y,p_z)$ とすると，その角運動量はそのベクトル積

$$\boldsymbol{l} = \boldsymbol{r} \times \boldsymbol{p} = \boldsymbol{r} \times m\boldsymbol{v}$$

で定義される．(x,y,z) 方向の長さ 1 のベクトル（単位ベクトル）を $(\boldsymbol{i},\boldsymbol{j},\boldsymbol{k})$ とすると（図 1.9），このベクトル積は

$$\boldsymbol{l} = \begin{vmatrix} \boldsymbol{i} & \boldsymbol{j} & \boldsymbol{k} \\ x & y & z \\ p_x & p_y & p_z \end{vmatrix}$$

という行列式で表される．これを展開すると

$$\boldsymbol{l} = (yp_z - zp_y)\,\boldsymbol{i} + (zp_x - xp_z)\,\boldsymbol{j} + (xp_y - yp_x)\,\boldsymbol{k}$$

となる．いま，粒子が xy 面上で運動しているとすると，z と p_z はともに 0 なので $\boldsymbol{k}$ の成分だけしか残らない．したがって，$\boldsymbol{l}$ は z 方向，つまり運動している面に垂直な方向を向いている．

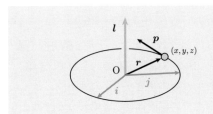

図 1.9 　角運動量の単位ベクトル

補足 **角運動量の演算子** 上の行列式を (1.13) 式を用いて演算子に直すと

$$\boldsymbol{l} = -i\hbar \begin{vmatrix} \boldsymbol{i} & \boldsymbol{j} & \boldsymbol{k} \\ x & y & z \\ \frac{\partial}{\partial x} & \frac{\partial}{\partial y} & \frac{\partial}{\partial z} \end{vmatrix}$$

$$= -i\hbar \left\{ \left(y\frac{\partial}{\partial z} - z\frac{\partial}{\partial y} \right)\boldsymbol{i} \right.$$
$$\left. + \left(z\frac{\partial}{\partial x} - x\frac{\partial}{\partial z} \right)\boldsymbol{j} + \left(x\frac{\partial}{\partial y} - y\frac{\partial}{\partial x} \right)\boldsymbol{k} \right\}$$

となる．これは，角運動量のエネルギー固有値や固有関数を求めるのに用いる．

行列式の展開
2 行 2 列の行列式は

$$\begin{vmatrix} A & B \\ C & D \end{vmatrix}$$
$$= AD - BC$$

と展開できる．3 行 3 列以上のときは，行列式を一番上の要素で展開する．その係数は，その要素の行と列を除いた小行列式になる．

空間の量子化　　角運動量の固有値方程式はその大きさ
の (1.22) 式と，方向の (1.23) 式の二つである．これは何
を意味しているのだろうか．(1.22) 式によって角運動量
の大きさは決まるが，それを規定する量子数 l は整数ま
たは半整数の値しかとることができない．さて，角運動
量の大きさが決まったらその方向が問題になる．空間内
での方向は場によって認識される．いま，z 方向に磁場
があるとすると，その方向の角運動量の成分は (1.23) 式
で与えられ，方向を表す量子数 m_l で規定される．この
m_l は l から $-l$ までの整数または半整数の値しかとらな
いから，結局角運動量の方向も‘とびとび’であるとい
うことになる．

　たとえば，大きさ $l = 2$ の角運動量を考えよう．角運
動量ベクトルの大きさは

$$\sqrt{l(l+1)}\,\hbar = \sqrt{6}\,\hbar \qquad (1.25)$$

になる．さらに (1.24) 式より，その z 軸方向の成分には
$2\hbar, \hbar, 0, -\hbar, -2\hbar$ の 5 通りがある．これで，z 軸とこの角
運動量ベクトルのなす角度が m_l の副準位ごとに決まる．

　さて，xy 面上での位置はどこであろうか．残念ながら，
どの時刻に xy 面上でのどの位置にいるかは，シュレー
ディンガー方程式を解いても知ることができない．しか
し，角運動量の大きさは常に一定なので，ベクトルの先
は原点を中心とした球面上のどこかにある．ある m_l の
準位では z 軸との角度が一定の円錐上のどこかにいる．
これを古典的に考えると，ちょうどコマがとまる寸前に
頭振り運動をするように回転しているのと同じで，これ
を**歳差運動**という．この角運動量のふるまいをベクトル
模型で示すと図 **1.10** のようになる．空間的に方向が規
定されているので，これを**空間の量子化**とよんでいる．

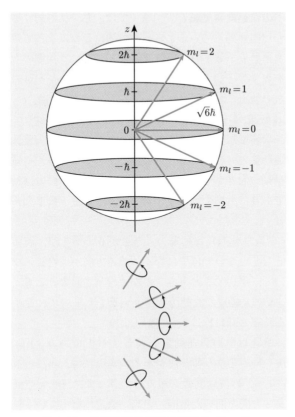

図 1.10 角運動量の空間の量子化 $(l = 2)$

補足 右回りと左回り $m_l = 2$ の副準位がたとえば右回りの公転あるいは自転であるとすると，これを逆回りにしたら角運動量は逆方向を向く．xy 両面上のどの方向かを定めることはできないが，これは $m_l = -2$ の副準位になり，左回りと考えられる．このように，右回りと左回りの副準位が必ずあって，この二つで m_l の絶対値は等しくなければならず，このようになるのは l の値が整数か半整数の場合だけである．

電子の軌道角運動量 l　　原子では，原子核の周りを電子が周回運動していると考えられる．これによって生じる角運動量を**電子の軌道角運動量**（l）という．その大きさを表す量子数 l は，非負の整数である．それぞれの大きさの軌道に名前がついていて，$l = 0$ は **s 軌道**，$l = 1$ は **p 軌道**，$l = 2$ は **d 軌道**，$l = 3$ は **f 軌道**とよばれている．次節で示す水素原子のシュレーディンガー方程式は角運動量の方程式と部分的に同じ形をしており，軌道角運動量の大きさを表す量子数 l は，水素原子の方位量子数であり，方向を表す量子数 m_l は磁気量子数になっている．

　s 軌道は軌道角運動量の大きさが 0 であるが，周回運動をしていないわけではなく，その方向が球対称になっていて，平均すると大きさがなくなってしまうと考えればよい．s 軌道の波動関数は丸い形をしていて，電子の存在確率も球対称になっている．

　p 軌道は軌道角運動量の大きさが 1 であり，$m_l = 1, 0, -1$ の三つの副準位がある．実際には，$m_l = 1$ と $m_l = -1$ の波動関数が組み合わさって，三次元空間の x, y, z 方向を向いた指向性の高い軌道になっている．したがって，p 軌道にある電子の存在確率は一つの軸に沿った方向に偏っており，軌道角運動量は結合を担う電子の空間分布と密接な関わりがある．

　d 軌道は軌道角運動量の大きさが 2 であり，$m_l = 2, 1, 0, -1, -2$ の五つの副準位がある．波動関数の対称性が座標の二次に依存するので空間の分布は複雑になるが，化学結合に多様性が出て，金属錯体などの特異的な分子を作ることができる．

　f 軌道は軌道角運動量の大きさが 3 であり，さらに複雑な波動関数と電子配置になるのでここでは触れない．

電子スピン角運動量 s　　電子はいわば自転運動に対応する**電子スピン角運動量**（s）をもっている．その大きさは決まっていて $s = \frac{1}{2}$ である．その空間の量子化を図 **1.11** に示す．方向を表す量子数 m_s は $+\frac{1}{2}$ と $-\frac{1}{2}$ の値をとる．$+\frac{1}{2}$ のときを仮に右回りの副準位とすると，$-\frac{1}{2}$ は左回りということになる．これを↑（up）と↓（down）あるいは **α スピン**と **β スピン**という．磁場のないときはこの二つの副準位のエネルギーは等しいので区別できないが，たとえば一つの軌道に二つ電子が入るときは，パウリ（Pauli）の排他律にしたがって，それぞれ $m_s = +\frac{1}{2}$ と $m_s = -\frac{1}{2}$ の状態になる．スピンは反平行に入り，角運動量は打ち消し合って 0 になる．

パウリの排他律
（Pauli
exclusion
principle)
電子はフェルミ粒子といって一つの状態に二個以上入ることはできない．

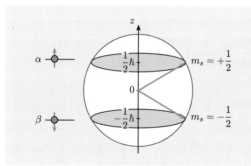

図 **1.11**　電子スピン角運動量の空間の量子化（$s = \frac{1}{2}$）

補足　**原子核スピン角運動量 I**　　電子スピン角運動量は，ーの電荷をもった電子の自転運動に対応するものであるが，＋の電荷をもった原子核もスピン角運動量をもつものがあり，これを**原子核スピン角運動量**（I）という．電子スピン角運動量の大きさは $s = \frac{1}{2}$ と決まっているが，原子核スピン角運動量の大きさは原子の種類によって異なり，たとえば H 原子では $I = \frac{1}{2}$，N 原子では $I = 1$ である．質量数 12 の ^{12}C 原子は原子核スピンをもたないが，質量数 13 の ^{13}C 原子は $I = \frac{1}{2}$ をもつ．このように，同じ原子でも質量同位体によって，原子核スピン角運動量の大きさは異なる．

1.4 水素原子の軌道とエネルギー準位

水素原子のシュレーディンガー方程式　H原子は原子核（陽子）と電子一個によって構成されているが，原子核を座標の原点に置き，電子の位置を図 **1.12** のように表す．まずは，通常用いられる直交デカルト座標 (x, y, z) を用いて，シュレーディンガー方程式を書いてみ

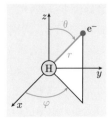

図 **1.12**　H 原子

る．原子核と電子の間には $+e$ の電荷と $-e$ の電荷をもつ粒子の間のクーロン引力が働き，ポテンシャルエネルギーはその間の距離に逆比例するので，方程式は次のようになる．

$$\left\{ -\frac{\hbar^2}{2m} \left(\frac{\partial^2}{\partial x^2} + \frac{\partial^2}{\partial y^2} + \frac{\partial^2}{\partial z^2} \right) -\frac{e^2}{4\pi\varepsilon_0} \frac{1}{\sqrt{x^2 + y^2 + z^2}} \right\} \psi(x, y, z) = E\psi(x, y, z)$$

(1.26)

球面極座標 (r, θ, φ)
粒子と原点との距離を r とすると，この粒子を含む半径 r の球面上の位置は，ちょうど地球上の都市の位置と同じように，z 軸からの角度 θ および x 軸からの角度 φ によって表すことができる．これを球面極座標という．デカルト座標 (x, y, z) は

$x = r\sin\theta\cos\varphi$
$y = r\sin\theta\sin\varphi$
$z = r\cos\theta$

という変換式で与えられる．

このままでも方程式を解くのは可能であるが，これを球面極座標 (r, θ, φ) に変換するととてもわかりやすくなる．その変換には複雑な計算を必要とするが，最終的に

$$-\frac{\hbar^2}{2m} \left\{ \frac{1}{r^2} \frac{\partial}{\partial r} r^2 \frac{\partial\psi}{\partial r} + \frac{1}{r^2\sin\theta} \frac{\partial}{\partial\theta} \left(\sin\theta \frac{\partial\psi}{\partial\theta} \right) + \frac{1}{r^2\sin\theta} \frac{\partial\psi}{\partial\varphi^2} \right\} - \frac{e^2}{4\pi\varepsilon_0 r} \psi = E\psi \quad (1.27)$$

となる．波動関数 ψ は (r, θ, φ) の関数となるが，これを

$$\psi(r, \theta, \varphi) = R(r) \cdot \Theta(\theta) \cdot \Phi(\varphi) \quad (1.28)$$

という形であると仮定する（変数分離）と，方程式を三つに分けることができる．三つに分けられた H 原子のシュレーディンガー方程式は

$$\frac{1}{R}\frac{d}{dr}\left(r^2\frac{dR}{dr}\right)+r^2\frac{2m}{\hbar}\left(E+\frac{4\pi\varepsilon_0 e^2}{r}\right)=\beta$$
$$(1.29)$$

$$\frac{1}{\sin\theta}\frac{1}{\Theta}\frac{d}{d\theta}\left(\sin\theta\frac{d\Theta}{d\theta}\right)-\frac{{m_l}^2}{\sin^2\theta}=-\beta \qquad (1.30)$$

$$\frac{1}{\Phi}\frac{d^2\Phi}{d\varphi^2}=-m_l \qquad (1.31)$$

である. これらはそれぞれ解くことができて, 変数ごとに固有関数を求めることができるが, エネルギー E を含んでいるのは (1.29) 式だけであるので, H 原子のエネルギーは座標 r だけ, つまり原子核と電子の間の距離だけで決まることになる. 全体の固有関数は, それぞれの量子数も含めて

$$\psi(r,\theta,\varphi)=R_{nl}(r)\cdot\Theta_{lm_l}(\theta)\cdot\Phi_{m_l}(\varphi) \qquad (1.32)$$

で表される. 具体的な関数の形は次項で示すが, ここで知らなければならないのが三つの量子数 n,l,m_l である.

n は**主量子数**とよばれ, 正の整数である ($n=1,2,3,\ldots$). これは $R_{nl}(r)$ の中に含まれ, 軌道の大きさを表す量子数と考えられる. $n=1,2,3,\ldots$ に対して **K 殻**, **L 殻**, **M 殻**, $\cdots$ と名前がつけられている.

その各々の n に対して, **方位量子数** l は

$$l=0,1,2,3,\ldots,(n-1)$$

の値しかとることができない. これらの状態にも名前があって $l=0$ を **s 軌道**, $l=1$ を **p 軌道**, $l=2$ を **d 軌道**, $l=3$ を **f 軌道**という. 主量子数 $n=1$ の K 殻には 1s 軌道だけ, $n=2$ の L 殻には 2s が一つと 2p が三つ, $n=3$ の M 殻には 3s が一つ, 3p が三つ, 3d が五つ, 合計九つの軌道が存在する.

さらに, それぞれの l の軌道には, **磁気量子数** m_l の副準位が存在する. そのとりうる値は次の通りである.

$$m_l=l,l-1,l-2,l-3,\ldots,-l$$

水素原子の量子数

- 主量子数 n
  $n=1,2,3,\ldots$

- 方位量子数 l
  $l=0,1,2,3,$
  $\ldots,(n-1)$

- 磁気量子数 m_l
  $m_l=l,l-1,$
  $l-2,\ldots,-l$

動径部分と角度部分　　　水素原子のエネルギーは原子核と電子の距離 r だけで決定される．この r を含む波動関数 $R_{nl}(r)$ を**動径部分**という．これに対して $\Theta_{lm_l}(\theta)$ と $\Phi_{m_l}(\varphi)$ は空間内での角度を表すもので**角度部分**といい，

$$Y_{lm_l}(\theta, \varphi) = \Theta_{lm_l}(\theta) \cdot \Phi_{m_l}(\varphi) \tag{1.33}$$

と表される．これは，**球面調和関数**とよばれている．

　水素原子の全体の固有関数は動径部分と角度部分の積で表され，実際の K 殻と L 殻の固有関数を表 1.1 にまとめてある．

表 1.1　H 原子の固有関数

	n	l	m_l	$R_{nl}(r)$	$Y_{lm_l}(\theta, \varphi)$
1s	1	0	0	$2a_0^{-\frac{3}{2}}e^{-\rho}$	$(\sqrt{4\pi})^{-1}$
2s	2	0	0	$(2\sqrt{2})^{-1}a_0^{-\frac{3}{2}}(2-\rho)e^{-\frac{\rho}{2}}$	$(\sqrt{4\pi})^{-1}$
$2\mathrm{p}_z$	2	1	0	$(2\sqrt{6})^{-1}a_0^{-\frac{3}{2}}\rho e^{-\frac{\rho}{2}}$	$\sqrt{\frac{3}{4\pi}}\cos\theta$
$2\mathrm{p}_x$	2	1	±1	$(2\sqrt{6})^{-1}a_0^{-\frac{3}{2}}\rho e^{-\frac{\rho}{2}}$	$\sqrt{\frac{3}{4\pi}}\sin\theta\cos\varphi$
$2\mathrm{p}_y$	2	1	±1	$(2\sqrt{6})^{-1}a_0^{-\frac{3}{2}}\rho e^{-\frac{\rho}{2}}$	$\sqrt{\frac{3}{4\pi}}\sin\theta\sin\varphi$

$\rho = \dfrac{r}{a_0}$，a_0 はボーア半径（(1.6) 式）である．
±1 はこれらの結合した軌道であることを表す．

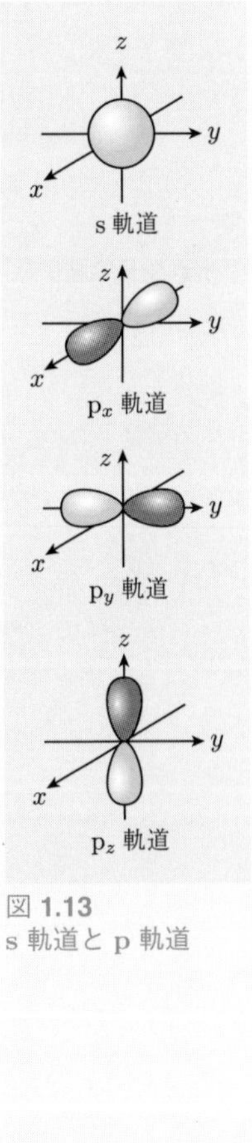

1s 軌道の動径部分には $e^{-\rho}$ という指数関数が含まれていて，$\rho = \infty$ で 0 に収束する．これは，電子が原子核から遠ざかるほど存在確率が小さくなることを示している．s 軌道の角度部分は定数で座標を含んでいない．これは，波動関数が空間的な方向に依存せず，球対称であることを示している．これに対して，p 軌道の角度部分には三角関数が含まれていて軸方向性を表している．実際の s 軌道と三つの p 軌道の形は，図 1.13 のようになっている．

図 1.13
s 軌道と p 軌道

補足 三つの **p 軌道** p 軌道には $m_l = 1, 0, -1$ の三つの副準位が縮退している. 縮退軌道はそのままでは直交していないことがあり, $m_l = 1$ と $m_l = -1$ は固有関数として適当な形にならない. そこでこの二つを適当に結合した関数を使って図 **1.13** に示すような p_x, p_y, p_z 軌道で表す. $m_l = 0$ はそのまま p_z 軌道になる. これら三つの軌道は形も大きさも同じであるが三次元空間でお互いに垂直な方向を向いている.

補足 **動径分布関数** 固有関数の動径部分の二乗が, r に関する電子の存在確率を表す. 1s 軌道の電子は, 半径 r の球面のどこにでも等確率でいられるので, 距離 r にある電子の総数はその存在確率と球面積 $4\pi r^2$ の積で与えられる. これを**動径分布関数**といい

$$I(r) = 4\pi r^2 R_{nl}{}^2(r) \tag{1.34}$$

と表される. 図 **1.14** は, H 原子の 1s 軌道の動径分布関数を示したものである. 1s 軌道には極大が一つあり, そこでの r に電子が最もたくさんいることを意味している. これをボーア半径といい

$$a_0 = \frac{(4\pi\varepsilon_0)\hbar^2}{m_l} = 0.0529\,[\text{nm}]$$

である. 固有関数 $R_{nl}(r)$ は距離 $r = 0$ で最大であるが, 実際に原子核の位置には電子はいない.

プログラミング演習 1-B
プログラムを作って, **H** 原子の **1s** 軌道の動径分布関数を数値計算し, ボーア半径で極大を示すことを検証してみよう.

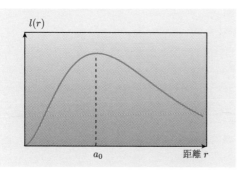

図 **1.14** 1s 軌道の動径分布関数

水素原子のエネルギー準位　　　水素原子のシュレーディンガー方程式は球面極座標 (r, θ, φ) の三つの方程式に分けられるが，そのうちの (1.29) 式を解いて，エネルギー固有値を求めることができる．計算はかなり難しいが，その解は

$$E_n = -\frac{2\pi^2 m e^4}{(4\pi\varepsilon_0)^2 h^2}\frac{1}{n^2} \qquad (1.35)$$

で与えられる．エネルギーは主量子数 n の二乗に逆比例し，方位量子数 l および磁気量子数 m_l には依存しない．図 1.15 は，エネルギー準位を模式的に示したものである．$n = \infty$ の準位のエネルギーが 0 になり，負の値のエネルギーをもつ準位が，n が大きくなるとともに，そこへ収束していく．この結果はボーアの原子モデルと同じで，係数をリュードベリ定数に置換すると

$$E_n = -hcR_\infty\frac{1}{n^2} \qquad (1.36)$$

と表され，(1.7) 式と全く同じになる．

　主量子数 $n = 1$ には 1s 軌道しかないが，そのエネルギーは

$$E_1 = -hcR_\infty \qquad (1.37)$$

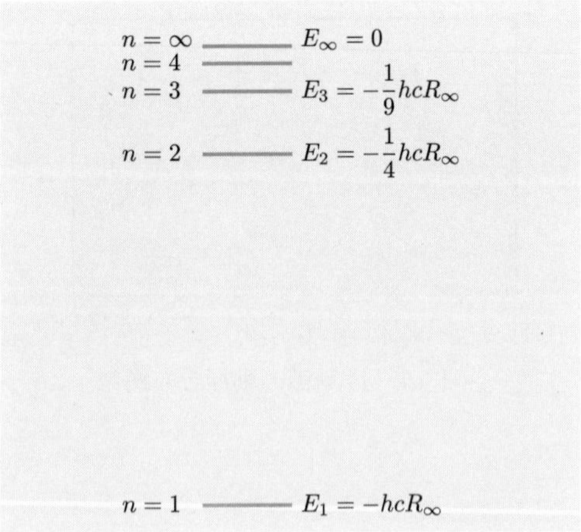

$$
\begin{array}{ll}
n = \infty \; \underline{\quad\quad} & E_\infty = 0 \\
n = 4 \; \underline{\quad\quad} & \\
n = 3 \; \underline{\quad\quad\quad} & E_3 = -\dfrac{1}{9}hcR_\infty \\[2mm]
n = 2 \; \underline{\quad\quad\quad} & E_2 = -\dfrac{1}{4}hcR_\infty \\[8mm]
n = 1 \; \underline{\quad\quad\quad} & E_1 = -hcR_\infty
\end{array}
$$

図 1.15　H 原子のエネルギー準位

で与えられる. $n = \infty$ では電子の安定化エネルギーが 0 になり電子が飛び去って原子はイオンになる. したがって, E_∞ と E_1 のエネルギー差が原子をイオン化するのに必要なエネルギー (**イオン化ポテンシャル**) になる. (1.37) 式を計算すると $-13.6\,\mathrm{eV}$ になるが, 実際に観測される H 原子のイオン化ポテンシャルの値はこれにほぼ等しい.

$n = 2$ には 2s 軌道と三つの 2p 軌道があるが, H 原子ではこれら四つの準位のエネルギーはすべて等しく, 次の式で与えられる.

$$E_2 = -\frac{1}{4}hcR_\infty \qquad (1.38)$$

$n = 1$ の s 軌道にある電子は, 光を吸収して $n = 2$ の p 軌道に遷移することが可能であり, そのスペクトル線を**ライマン** (Lyman) **α 線**という. そのエネルギー差は

$$E_2 - E_1 = \frac{3}{4}hcR_\infty = 10.2\,[\mathrm{eV}] \qquad (1.39)$$

と予想され, 光の波長に直すと $121\,\mathrm{nm}$ になる. ライマン α 線の観測波長は $121.5\,\mathrm{nm}$ である (1 章例題 5 参照).

[補足] **多電子原子での s, p, d 軌道の準位の分裂**　電子を二個以上もつ原子を**多電子原子**というが, H 原子と違って, 方位量子数の異なる s, p, d, ... 軌道のエネルギーに差がある. これは, 複数の電子があると, 一つの電子の状態が, 他の電子がどの軌道を占有しているかで影響を受けることにより, その効果を**電子相関**とよんでいる. 実際の多電子原子では, 一つの主量子数の殻の中では, エネルギーの低い方から s, p, d 軌道の準位が分裂して存在している (1.5 節参照). 三つの p 軌道は, 波動関数の形や大きさは等しく, その方向が異なるだけなので, 多電子原子でも縮退していて, エネルギーは全く同じである.

1.5 多電子原子と元素の周期性

多電子原子のエネルギー準位　　H 原子以外では複数の陽子を原子核に含んでいて，その数が原子番号である．電気的に中性の原子は陽子の数と同じだけの電子をもっている．この場合はシュレーディンガー方程式を厳密に解くことはできない．そこで，H 原子でえ

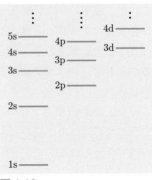

図 1.16
多電子原子のエネルギー準位

られた厳密解を基本に修正を加え，多電子原子のエネルギー準位と固有関数を考える．実際は，多電子原子のエネルギー準位は方位量子数 l によって異なり，同じ主量子数 n の中では s, p, d, ... の順にエネルギーが大きくなる．これを示したのが図 1.16 である．この方位量子数によるエネルギーの違いは，複数の電子があってお互いの相関から生じているものと考えられる．

　準位間のエネルギー間隔は主量子数 n とともに小さくなる．s, p, d 軌道のエネルギー差も小さくなっていくので，エネルギーの順序は必ずしも主量子数だけでは決まらなくなる．電子はエネルギーの小さい準位から順に入っていくが，そういうわけで電子の占有順序は図 1.17 のようになっている．3s→3p の次は 3d ではなく 4s である．

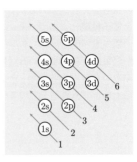

図 1.17　電子の占有順序

組み立て原子と電子配置　　電子はすべての量子数が同じ準位には一個しか入ることができない（パウリの排他律）．ただ，電子にはスピンがあって，右回りと左回りの二つの状態があり（これを↑と↓で表す），一つの軌道には最大二個まで電子を入れることができる．

　最も安定な電子配置を作るためには，まずエネルギーの小さい順に電子を詰めていく．H 原子では 1s 軌道に一個，He 原子ではスピンを反対にして二個，Li 原子ではさらに 2s 軌道に一個と電子が配置される．ところが，p 軌道には p_x, p_y, p_z 軌道の三つがありエネルギーは等しい．このときには，スピンの向きを同じにしてなるべく異なる軌道に電子を詰める．これをフント（Hund）の規則という．これは，同じ軌道に二つ電子が入るとお互いの反発が大きくなってしまうので，なるべく違う軌道に入れた方が安定になるからだと考えられている．

　このようにして電子を詰めていき，各元素で最も安定な電子配置が決まる．表 **1.2** に原子番号 1 の H から 10 の Ne までの安定な電子配置が示してある．これによって元素の性質が決まっている．

フントの規則
（Hund's rule）エネルギーが等しい軌道（縮退軌道）に電子を詰めるとき，スピンの向きを同じにしてなるべく異なる軌道に電子を詰める．

表 **1.2**　H から Ne までの電子配置

原子番号	元素	電子配置	1s	2s	$2p_x$	$2p_y$	$2p_z$
1	H	$1s$	↑	—	—	—	—
2	He	$1s^2$	↑↓	—	—	—	—
3	Li	$1s^2 2s$	↑↓	↑	—	—	—
4	Be	$1s^2 2s^2$	↑↓	↑↓	—	—	—
5	B	$1s^2 2s^2 2p$	↑↓	↑↓	↑	—	—
6	C	$1s^2 2s^2 2p^2$	↑↓	↑↓	↑	↑	—
7	N	$1s^2 2s^2 2p^3$	↑↓	↑↓	↑	↑	↑
8	O	$1s^2 2s^2 2p^4$	↑↓	↑↓	↑↓	↑	↑
9	F	$1s^2 2s^2 2p^5$	↑↓	↑↓	↑↓	↑↓	↑
10	Ne	$1s^2 2s^2 2p^6$	↑↓	↑↓	↑↓	↑↓	↑↓

元素の周期性　　　電子はエネルギーの小さい準位から詰まっているので，最外殻電子より主量子数の小さい殻はすべて電子で満たされている（d および f 軌道は空の場合もある）．これを**閉殻構造**というが，この場合は角運動量もすべて打ち消され，ここにある電子（**内殻電子**）は原子の性質にはほとんど関与しない．したがって，原子の性質を決めているのは最外殻電子であり，その配置が同じであれば元素の性質もよく似ている．原子番号の順に電子数も増加していき，最外殻電子の配置は周期的に変わる．それにつれて元素の性質も周期性をもつことになる．これを基に類似した性質の元素を並べたのが元素の**周期律表**である．

　周期律表の左端には水素 H から Li, Na, K, … と元素が並んでいる．Li 以降の元素を**アルカリ金属元素**という．これらはすべて s 軌道に不対電子一個という最外殻電子の配置をもち，元素は化学的に活性である．また，この不対電子は容易に原子からはじき飛ばすことができ，陽イオンとなって閉殻構造になる．原子から電子を取り去ってイオン化するのに必要なエネルギーを**イオン化ポテンシャル（IP）**というが，そういうわけでアルカリ金属原子の IP は小さい．

　これに対して周期律表の右端には He, Ne, Ar, Kr という元素が並んでいて，これらの原子は閉殻構造をとっているのでとても安定である．通常は原子のまま気体となって存在するので，これらを**貴ガス元素（希ガス元素）**とよんでいる．この電子を取り去るのは容易ではないので貴ガス原子の IP は大きい．この左隣の欄には F, Cl, Br, I と並んでいて，最外殻で電子が一個抜けているという形になっている．これらの原子は容易に電子を取り込んで陰イオンになる．原子が電子を取り込んで陰イオンになるときに放出されるエネルギーを**電子親和力（EA）**という．ハロゲン原子の EA は他の原子に比べて大きい．

補足 **原子の電子配置と元素の周期性** 軌道の右肩に占有している電子数を書いて，原子の電子配置を表記する．たとえば，原子番号 6 の炭素と 36 のクリプトンは

$$_6\text{C}[1\text{s}^2 2\text{s}^2 2\text{p}^2]$$

$$_{36}\text{Kr}[1\text{s}^2 2\text{s}^2 2\text{p}^6 3\text{s}^2 3\text{p}^6 3\text{d}^{10} 4\text{s}^2 4\text{p}^6]$$

と表される．

　元素によって原子の電子数は異なり，その電子配置によって元素の性質も著しく異なる．ここでまず知らなければならないのは，電子が占有している軌道の最も大きい n である．その殻にある電子を**最外殻電子**といい，その殻での電子配置によって，原子と元素の性質が決まっていると考えればよい．また，その配置は最外殻電子の数によって周期的に変わるので，それに対応して元素の性質も周期性をもつ．これが**元素の周期性**であり，たとえば，最外殻の s 軌道に不対電子を一個もつ H と Li は化学的にとても活性であるが，最外殻がすべて電子で満たされた He と Ne は化学的に不活性である．

例題 4 Ar は原子番号 18，Ca は 20，Fe は 26 である．これらの原子の電子配置を書け．

解 電子の占有順序は

$$1\text{s} \rightarrow 2\text{s} \rightarrow 2\text{p} \rightarrow 3\text{s} \rightarrow 3\text{p} \rightarrow 4\text{s} \rightarrow 3\text{d}$$

である．各軌道の最多電子数は s が 2，p が 6，d が 10 であるから

$$_{18}\text{Ar}[1\text{s}^2 2\text{s}^2 2\text{p}^6 3\text{s}^2 3\text{p}^6]$$

$$_{20}\text{Ca}[1\text{s}^2 2\text{s}^2 2\text{p}^6 3\text{s}^2 3\text{p}^6 4\text{s}^2]$$

$$_{26}\text{Fe}[1\text{s}^2 2\text{s}^2 2\text{p}^6 3\text{s}^2 3\text{p}^6 4\text{s}^2 3\text{d}^6]$$

である．

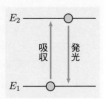

図 **1.18**
光の吸収と発光

1.6 原子スペクトル

原子による光の吸収と発光　　　原子には多くのエネルギー準位があり，電子は通常は最も安定な配置をとっている．いま，電子が E_1 のエネルギー準位にあったとすると，この電子は光（電磁波）を吸収して，エネルギーの高い E_2 の準位に移ることができる（図 **1.18**）．これを**光励起**または**光遷移**といい，このとき原子が光子を一個吸収し，光子は消滅したと考える．エネルギー保存則より，光子一個のエネルギー（$h\nu$）と原子のエネルギー増加分は等しくならなければならないので，次の関係が成り立つ．

$$E_2 - E_1 = E_0 = h\nu = \frac{hc}{\lambda_0} \tag{1.40}$$

ここで，E_0 は吸収が起こるときの光子のエネルギー，λ_0 は光の波長である．すなわち，光の吸収が起こるのは光の波長が二つの準位のエネルギー差に等しくなったときである．

　実際には，原子による光の吸収の強度を検出しながら光の波長を変化させていくと，図 **1.19** に示すようなピークが λ_0 のところに観測される．これを**吸収スペクトル**という．E_2 に励起された電子は，ある確率で安定な E_1 に戻るが，このときに光を発し，そのスペクトルも同じように λ_0 にピークを与える．これを**発光スペクトル**という．

図 **1.19**
吸収スペクトル

水素原子のスペクトル　　　水素原子のエネルギーは (1.36) 式で与えられる．いま，主量子数 n_1 の準位から n_2 の準位へ遷移したとすると吸収される光子のエネルギーは次のように表される．

$$E_0 = h\nu = \frac{hc}{\lambda_0} = E_{n_2} - E_{n_1}$$
$$= hcR_\infty \left(\frac{1}{n_2{}^2} - \frac{1}{n_1{}^2} \right) \tag{1.41}$$

したがって，吸収スペクトル線の波長は次で与えられる．

$$\lambda_0 = \frac{1}{R_\infty \left(\frac{1}{n_2{}^2} - \frac{1}{n_1{}^2} \right)} \tag{1.42}$$

$n_1 = 1$ のスペクトル線は**ライマン系列**，$n_1 = 2$ のスペクトル線は**バルマー（Balmer）系列**とよばれている（図 **1.20**）．バルマー系列は可視領域の光が多く，その波長は表 **1.3** にまとめてある．

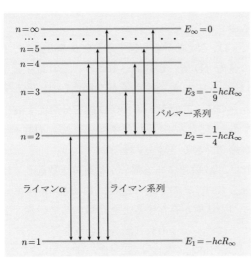

図 **1.20** H 原子の光遷移

表 **1.3** バルマー系列のスペクトル線の波長

名称	n_2	n_1	観測波長
H_α	3	2	656.28 nm
H_β	4	2	486.13 nm
H_γ	5	2	434.05 nm
...	...	...	...
H_∞	∞	2	364.71 nm

波長の単位　nm
光の波長を表すのに，その単位として nm（ナノメートル）が用いられる．$1\,\mathrm{nm} = 1 \times 10^{-9}\,\mathrm{m}$ である．

多電子原子のスペクトル　　多電子原子では，同じ主量子数 n のエネルギー準位でも，方位量子数 l によってエネルギーが異なる．また，複数の電子が存在するので，複数の角運動量の状態が存在し，スペクトルもそれを反映して，少し複雑なものとなる．一般に，主量子数にかかわらず，方位量子数が 1 だけ異なる軌道へ電子は遷移することができ，たとえば s 軌道の電子は p 軌道へ，p 軌道の電子は s 軌道へ遷移して，それに伴う光の吸収と放出が観測される．

　たとえば，Na 原子を励起すると波長 589 nm のオレンジ色の発光（D 線）が観測されるが，これは主量子数 3 の 3p 軌道から 3s 軌道へ電子が遷移するのに伴う発光である．さらに，この Na 原子の D 線を分解能を高くして観測すると，二つの分裂したスペクトル線（D_1 線と D_2 線）が確認できる（図 1.21）．

　これは，3p 軌道にある電子が軌道角運動量とスピン角運動量をもち，その方向の違いによってエネルギーの異なる二つの状態が存在することに対応している．これを理解するには，二つの角運動量の合成を考えなければならず，次項で詳しく解説する．$^{2}P_{\frac{3}{2}}, {}^{2}P_{\frac{1}{2}}, {}^{2}S_{\frac{1}{2}}$ は，原子の状態での角運動量の大きさを表し，**項の記号**とよばれる．

エネルギーの単位 波数　cm^{-1}
光子のエネルギーは波長に逆比例するので，長さの逆数をエネルギーの単位にとることができる．よく用いられるのが cm の逆数で，1 cm の中に波がいくつあるかという意味で，波数とよばれている．589 nm の波長の光は 16980 cm^{-1} である．

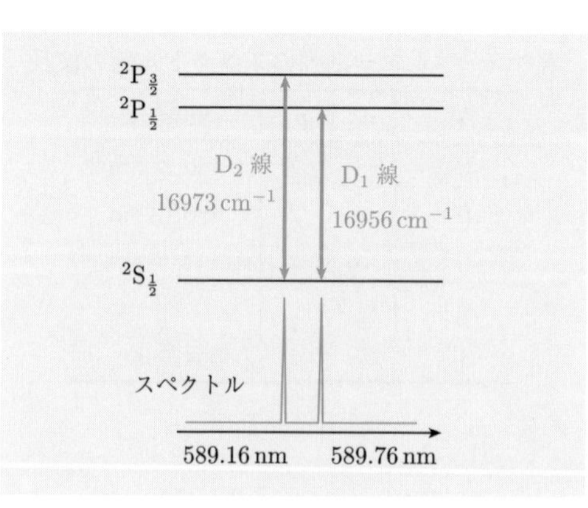

図 1.21　Na 原子の D_1 線と D_2 線

例題 5　リュードベリ定数を $R_\infty = 1.1 \times 10^7\,[\mathrm{m}^{-1}]$ として，ライマン α 線（$n_2 = 2 \to n_1 = 1$ の発光）の波長を計算せよ．またバルマー系列のスペクトル線の波長で最も長いのはいくらと予想されるか．

解　(1.42) 式を用いて，ライマン α 線の波長を求めると

$$\begin{aligned}
\lambda_0 &= \frac{1}{R_\infty \times \left(\frac{1}{1^2} - \frac{1}{2^2}\right)} \\
&= \frac{1}{1.1 \times 10^7 \times 0.75} \\
&= 1.21 \times 10^{-7}\,[\mathrm{m}] \\
&= 121\,[\mathrm{nm}]
\end{aligned}$$

になる．実測値は 120.6 nm である．

また，バルマー系列のスペクトル線で最も波長の長いのは H_α 線（$n_2 = 3 \to n_1 = 2$ の発光）であり，その波長は

$$\begin{aligned}
\lambda_0 &= \frac{1}{R_\infty \times \left(\frac{1}{2^2} - \frac{1}{3^2}\right)} \\
&= \frac{1}{1.1 \times 10^7 \times 0.138} \\
&= 6.59 \times 10^{-7}\,[\mathrm{m}] \\
&= 659\,[\mathrm{nm}]
\end{aligned}$$

と予想される．実測値は 656.28 nm である．

角運動量の合成と原子の全角運動量　　原子には電子の軌道角運動量 l とスピン角運動量 s の二つの角運動量がある。この二つの大きさの単位はともに $\hbar$ であり、実際の原子はこの二つを合成した全角運動量

$$j = l + s \tag{1.43}$$

によって状態が規定される。これは二つのベクトルの合成なので少し複雑な規則がある。

　一般に、二つの角運動量 l_1 と l_2 があって、それぞれの大きさを表す量子数を、それぞれ l_1 および l_2 とする。この二つを合成して、新たな合成角運動量

$$L(L, m_L) = l_1(l_1, m_{l_1}) + l_2(l_2, m_{l_2}) \tag{1.44}$$

ができる。L もまた一つの角運動量であるから、これも大きさを表す量子数 L と方向を表す量子数

$$m_L = L, L-1, L-2, \ldots, -L \tag{1.45}$$

によって規定される。二つの角運動量に対して同じ方向に磁場があるとするとその方向の成分は m_{l_1}, m_{l_2} で、合成された角運動量の大きさ L が最大の値をとるのはそれぞれが最大値 $m_{l_1} = l_1, m_{l_2} = l_2$ をとるとき、つまり二つの角運動量が同じ向きにあるときである。それから m_L が1ずつ小さくなっていくつかの大きさが異なる角運動量がえられ、最小値は $|l_1 - l_2|$ になる。したがって、

$$L = l_1 + l_2, l_1 + l_2 - 1, l_1 + l_2 - 2, \ldots, |l_1 - l_2| \tag{1.46}$$

の角運動量が発生し、それぞれの L に対して (1.45) 式の値の副準位が存在する。たとえば、$l_1 = 1, l_2 = \frac{1}{2}$ の角運動量の合成を示したのが図 **1.22** であり、各量子数のとりうる値は表 **1.4** にまとめてある。

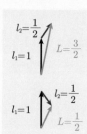

図 **1.22**
角運動量の合成

表 1.4
$L(L, m_L)$ の状態

L	m_L
$\frac{3}{2}$	$\frac{3}{2}, \frac{1}{2}, -\frac{1}{2}, -\frac{3}{2}$
$\frac{1}{2}$	$\frac{1}{2}, -\frac{1}{2}$

　Na原子の場合，最外殻（M殻）には電子が一個あり，通常は3s軌道に入っている．s軌道（$l=0$）に電子が一個あるときは，軌道角運動量がないのでスピン（$s=\frac{1}{2}$）がそのまま全角運動量になる．

　この電子をp軌道（$l=1$）に励起したらどうなるであろうか．角運動量の合成の規則にしたがうと全角運動量$j=\frac{1}{2},\frac{3}{2}$の二つができ，それぞれ二つと四つの$m_L$準位が縮退している．もしも，この二つの角運動量が結合せずに独立なふるまいをしていたら，$m_l=1,0,-1$の状態がそれぞれ三つの準位に縮退していることになるが，実際に原子のスペクトルを見てみるとこのようにはなっていない．電子が複数ある系では少し複雑になるが，まずそれぞれの電子の軌道角運動量を合成し，系の全軌道角運動量を求める．同様に，電子スピンに対しても全角運動量を求め，さらにその二つを合成して可能な量子数を定めるという手順になる．

項の記号　　原子の状態は軌道角運動量l，電子スピン角運動量s，全角運動量jの三つで限定されるので，原子の電子配置をこの三つの量子数を含む図**1.23**のような記号で表す．左肩には$2s+1$の値を書く．これはスピン準位の数で，**スピン多重度**という．原子全体の電子スピン角運動量は，角運動量を一個ずつ合成することによって求められるが，電子が一個のときには$m_s=+\frac{1}{2},-\frac{1}{2}$の二つで，多重度は2（二重項状態：doublet）になる．中央には軌道角運動量lに対する記号を書く．電子が一個の場合は簡単で，$l=0,1,2,3,\ldots$に対して大文字のS, P, D, F, ...で表記する．電子が複数の場合は，これも一個ずつ軌道角運動量を合成していって，原子全体の軌道角運動量と電子スピン角運動量を記述する．右下には全角運動量jの値を書く．このような原子の電子状態の表記を項の記号（term symbol）という．

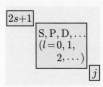

図 **1.23**
項の記号の表記

スピン–軌道相互作用　　軌道角運動量 l とスピン角運動量 s を合成すると大きさの異なる全角運動量 j の準位ができる．これらの状態はお互いに角運動量の方向が異なるだけなので，エネルギーは等しいと考えられるが，独立な公転運動と自転運動であるはずの l と s が相対論的な効果でわずかに相互作用し，実際の原子のエネルギーは分裂している．これを，**スピン–軌道相互作用**という．この相互作用は軌道が大きいほど強くなるので，そのエネルギー分裂の大きさは主量子数とともに大きくなる．たとえば，Na 原子の D 線は二本に分裂していて，$^2P_{\frac{1}{2}}, ^2P_{\frac{3}{2}}$ に対応している．その波長は 589.16 nm と 589.76 nm であり，これを波数に直すと，$^2P_{\frac{3}{2}}$ と $^2P_{\frac{1}{2}}$ のエネルギー差は 17 cm^{-1} になる（図 **1.21**）．このスピン–軌道相互作用によるエネルギーの変化は，軌道角運動量 l とスピン角運動量 s のスカラー積（内積）で表され，角運動量の固有値方程式を用いて，次の式で求めることができる．

$$E_{SO} = A\,l \cdot s = \frac{A}{2}\left(j^2 - l^2 - s^2\right)$$
$$= \frac{\hbar^2 A}{2}\left\{j\left(j+1\right) - l\left(l+1\right) - s\left(s+1\right)\right\}$$

$$(1.47)$$

ここで，A は**スピン–軌道結合定数**という．

例題 6　　Na 原子の 3s 電子を 3p および 3d 軌道へ励起したときの項の記号と j および m_j のとりうる値を示せ．

解　　Na 原子は原子番号が 11 で，最外殻の 3s 軌道に不対電子を一個もつ．その状態では

$$l = 0, \quad s = \frac{1}{2}$$

なので $^2S_{\frac{1}{2}}$ と表される．この電子を 3p 軌道へ励起すると $l = 1, s = \frac{1}{2}$ になるので全角運動量は $j = \frac{1}{2}, j = \frac{3}{2}$ の二つになり，項の記号はそれぞれ $^2P_{\frac{1}{2}}, ^2P_{\frac{3}{2}}$ と表される（図 **1.24**）．そのとき

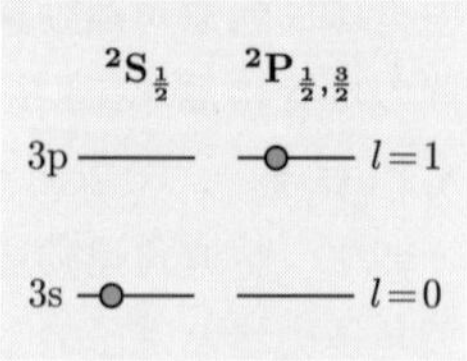

図 **1.24**　Na 原子の電子配置と項の記号

の j と m_j の値は

$$
{}^2P_{\frac{1}{2}} \quad j = \frac{1}{2} : m_j = \frac{1}{2}, -\frac{1}{2}
$$

$$
{}^2P_{\frac{3}{2}} \quad j = \frac{3}{2} : m_j = \frac{3}{2}, \frac{1}{2}, -\frac{1}{2}, -\frac{3}{2}
$$

となる.

電子を 3d 軌道へ励起したときには $l = 2, s = \frac{1}{2}$ なので

$$
{}^2D_{\frac{3}{2}} \quad j = \frac{3}{2} : m_j = \frac{3}{2}, \frac{1}{2}, -\frac{1}{2}, -\frac{3}{2}
$$

$$
{}^2D_{\frac{5}{2}} \quad j = \frac{5}{2} : m_j = \frac{5}{2}, \frac{3}{2}, \frac{1}{2}, -\frac{1}{2}, -\frac{3}{2}, -\frac{5}{2}
$$

となる.

例題 7 Na 原子の ${}^2P_{\frac{3}{2}}$ の $m_j = +\frac{3}{2}$ 準位の電子配置は, $m_j = m_l + m_s$ が成り立つことを考えると, 図 1.25 のように表すことができる. これにならって, すべての (j, m_j) 準位の電子配置を示せ. ただし, ⚡ は $m_s = +\frac{1}{2}$, ⚡ は $m_s = -\frac{1}{2}$ であることを表す.

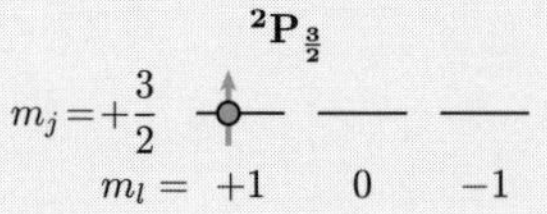

図 1.25 Na 原子 ${}^2P_{\frac{3}{2}}$ の電子配置

解

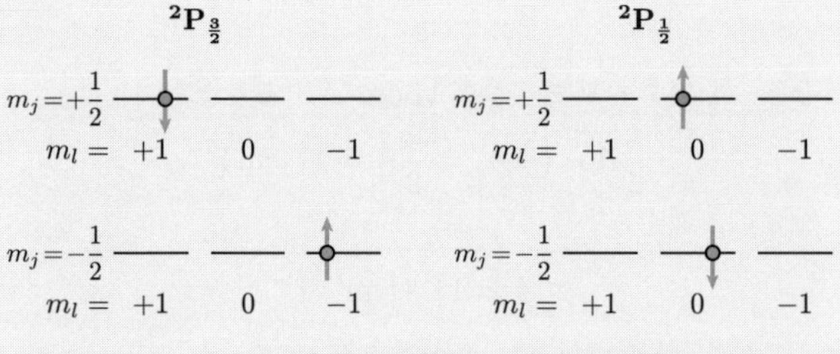

図 1.26 Na 原子の ${}^2P_{\frac{3}{2}}$ と ${}^2P_{\frac{1}{2}}$ の電子配置

> **例題 8**　　スピン–軌道相互作用によるエネルギーの変化は，波数単位のスピン–軌道結合定数 A を用いて，次の式で求めることができる．
>
> $$E_{SO} = \frac{A}{2} \{ j(j+1) - l(l+1) - s(s+1) \} \quad (1.48)$$
>
> Na 原子 $^2P_{\frac{3}{2}}$ と $^2P_{\frac{1}{2}}$ の状態のエネルギー差は $17\,\mathrm{cm}^{-1}$ である．これからスピン–軌道結合定数 A を求めよ．

解　　(1.48) 式に

$$j = \frac{3}{2}, \quad l = 1, \quad s = \frac{1}{2}$$

を代入すると，$^2P_{\frac{3}{2}}$ のエネルギー変化は

$$E_{SO}\left(^2P_{\frac{3}{2}}\right)$$
$$= \frac{A}{2} \left\{ \frac{3}{2}\left(\frac{3}{2}+1\right) - 1(1+1) - \frac{1}{2}\left(\frac{1}{2}+1\right) \right\}$$
$$= +\frac{1}{2}A$$

と計算することができる．

同様に，(1.48) 式に

$$j = \frac{1}{2}, \quad l = 1, \quad s = \frac{1}{2}$$

を代入すると，$^2P_{\frac{1}{2}}$ のエネルギー変化は

$$E_{SO}\left(^2P_{\frac{1}{2}}\right)$$
$$= \frac{A}{2} \left\{ \frac{1}{2}\left(\frac{1}{2}+1\right) - 1(1+1) - \frac{1}{2}\left(\frac{1}{2}+1\right) \right\}$$
$$= -A$$

となる．そのエネルギー差が $17\,\mathrm{cm}^{-1}$ であるから

$$\frac{1}{2}A - (-A) = \frac{3}{2}A = 17\,[\mathrm{cm}^{-1}]$$

となり，これから

$$A = 11.3\,[\mathrm{cm}^{-1}]$$

と，スピン–軌道結合定数 A が求まる．

[補足] **N原子とO原子の電子配置と項の記号** Na原子の^{2}P
では，3p軌道を電子が一個占有しているだけなので電子配置は
簡単であるが，複数の電子の系では電子配置も複雑になり，項
の記号を考えるのにも注意が必要である．

N原子の場合，2p軌道に三個の電子が配置され，全軌道角運
動量の量子数Lは最大で2，全電子スピン角運動量の量子数S
は最大$\frac{3}{2}$の値をとることができる．パウリの排他律により，同
じm_l, m_sの状態を電子は二個以上占有できないので，電子配置
に制約がかかり，電子状態も特定のものだけに限られる．N原
子で可能なのは，項の記号で表すと^{4}S，^{2}D，^{2}Pだけであり，そ
の代表的な電子配置を図 1.27 に示す．最も安定な電子配置は三
つのp軌道を不対電子が一個ずつ，電子スピン角運動量の方向
を揃えて占有した配置（^{4}S$_{\frac{3}{2}}$）である．

O原子には，2p軌道に四個の電子があり，N原子と同じよ
うに考察すると，許される電子状態は^{3}P，^{1}D，^{1}Sだけに限られ
る（図 1.28）．電子が二つの対を作った電子配置は^{1}D$_2$で表さ
れるが，それよりも不対電子を二つにした配置の方が安定で，こ
れには^{3}P$_0$，^{3}P$_1$，^{3}P$_2$の三つがある．Jの異なるスピン副準位
のエネルギーは，スピン–軌道相互作用で分裂し，O原子の場合
には，^{3}P$_2$が最もエネルギーが低くなっている．

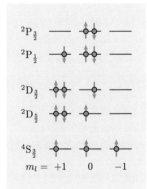

図 1.27 N原子の電子配置
と項の記号

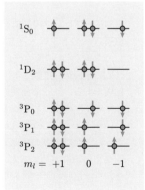

図 1.28 O原子の電子配置
と項の記号

コラム　太陽光のスペクトルとフラウンホーファー線

高温の物質は大きなエネルギーをもち，光を発する．これを**熱輻射**という．古典的な電磁気学の理論では，熱輻射のエネルギーは振動数が高いほど（波長が短いほど）大きくなることが予想されるが，実際の太陽光のスペクトルを見ると，紫外線や X 線領域の電磁波

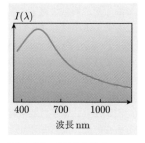

図 1.29　3000 °C の熱輻射スペクトル

は強くない（図 1.29）．1900 年，プランクはこれを説明するために，物質を振動子（固有振動数 ν）の集まりだと考え，そのエネルギーが

$$E = nh\nu \qquad n \text{ は正の整数}$$

だけに限られると仮定して，次の熱輻射のスペクトル強度の式を提唱した．

$$I\left(\lambda, T\right) = \frac{8\pi hc}{\lambda^5} \frac{1}{e^{\frac{hc}{\lambda k_\mathrm{B} T}} - 1}$$

これは，**プランクの公式**とよばれていて，3000 °C の熱輻射スペクトルは太陽光のスペクトルを見事に説明した．ここで，λ は光の波長，T は温度，k_B は**ボルツマン（Boltzmann）定数**とよばれる温度をエネルギーに直す係数である．ここで画期的なのが，物質のエネルギーはエネルギー素量（エネルギー量子）の整数倍に限られるということで，この認識から量子力学が発展することになった．とびとびのエネルギー準位という概念である．

高温の物質が発する光の色が温度によって変わる，すなわち熱輻射のスペクトルが温度によって変化することはそれより前からよく知られていた．18 世紀半ばから始まった産業革命によって，19 世紀には製鉄業が盛んになり，溶鉱炉の中の温度を知る手段が必要となった．あまりにも温度が高いので，温度計を入れることができない．しかし，職人たちは溶けた鉄の輝きの色が温度によって変わることを経験的に知っていた．ガラス職人

だったフラウンホーファー（Fraunhofer）は，高精度のプリズムを製作し，光の波長の違いによる分散を観測することによって溶鉱炉の温度を測ろうと試みた．まずは，太陽光の分散スペクトルを観測し，溶けた鉄の発光と同じようなパターンであるのを確認した．そこで，分散された太陽光の中で，所々特定の波長の光だけ届いていない（暗線）ことを発見した（1814 年）．太陽光の中に暗線があるのはそれより 10 年ほど前に，ウォラストン（Wollaston）によってすでに報告されていたのだが，フラウンホーファーはさらに多くの暗線を報告し，主なものに波長の短い方から A, B, C, ... と記号をつけた．589 nm のものは四番目だったので D 線と名付けられ，これが Na 原子の D 線の由来となった．当時，原子という概念は受け入れられておらず，この暗線が何を意味するのかがわかるすべもなかったが，フラウンホーファーはその後も回折格子を開発して，精密な測定を続け，最終的には 700 本以上の暗線を報告した．これらは**フラウンホーファー線**とよばれていて，いまでも研究が続けられている．

　プランクは，このような実験結果をよく知っていて，おそらく原子の存在も認識していて，エネルギーがとびとびの値しかとらないということを直感していたのかもしれない．プランクの公式がどのようにして導かれたかは定かではないが，比類のない天才が命をかけて考察を重ねることによってえられたひらめきである．プランクの公式が認められた数年後，アインシュタインの考えとも融合して，光の量子ともいうべき光子のエネルギーが $E = h\nu$ であると考えることで，光電効果などの実験結果も説明できるようになった．水素原子については，ボーアによって電子のエネルギーも周回運動の半径もとびとびであることが明らかにされ，不連続なエネルギー準位という量子力学の柱となる概念が広がっていった．その最終的な形が，シュレーディンガー方程式である．

演 習 問 題
第1章

1.1   主量子数 n の殻に入れる電子の数は最大 $2n^2$ であることを示せ.

1.2   1.2 節の 補足 演算子 の運動量の演算子の式 ((1.13) 式) を用いて, ハミルトン演算子を導け.

1.3   二次元箱の中の粒子のシュレーディンガー方程式を書き, エネルギー固有値を求めよ.

1.4   毎秒 1000 m の速度で直線運動している Na 原子のド・ブロイ波長を求めよ.

1.5   H 原子の $n = 1$ の準位からの遷移で, スペクトル線の波長が最も長いのはどの準位への遷移か. また, (1.42) 式を使ってその波長を予測せよ.

1.6   H 原子の動径分布関数が, ボーア半径 a_0 で極大をとることを示せ.

1.7   Li 原子の 2s–2p と Na 原子の 3s–3p の準位のエネルギー差は, それぞれ $14900\,\mathrm{cm}^{-1}$ と $16980\,\mathrm{cm}^{-1}$ である. これらの原子の炎色反応の色を予測せよ.

1.8   二つの電子スピン角運動量を合成し, 発生する全電子スピン角運動量の状態をリストせよ.

1.9   角運動量の固有値方程式を用いて, スピン–軌道相互作用のエネルギー固有値の式 (1.47) を導け.

第2章

分子軌道と化学結合

原子と原子が化学結合して分子ができる。量子力学の基本的な考え方を用いて，分子をどのように理解したらよいのだろうか。この章では，分子軌道の取扱いを中心に，化学結合の担い手である電子の軌道とエネルギーについて考える。

分子を理解するにはいくつかの方法があるが，この章では分子軌道法という手法を中心に分子のエネルギー準位とその固有関数（分子軌道）をどのようにして求めるか，そしてその結果をどのように解釈するのかを学ぶ。

分子には数え切れないくらい多くの種類があり人間と同じでそれぞれに個性がある。その面白さを量子化学の立場から追いかけてみよう。

H₂O の分子軌道

O 原子の二つの 2p 軌道にそれぞれ H 原子の 1s 軌道を重ねると，H₂O の分子軌道ができる。化学結合は，p 軌道が伸びた方向にできるので，二つの O–H 結合は直交し，その結果 H₂O 分子は直角二等辺三角形になると考えられる。実際には，H 原子核の反発があって ∠HOH は 104° になっている。

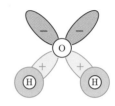

2.1 分子軌道法と永年方程式

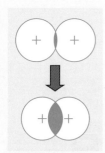

図 2.1
1s 軌道の重なり

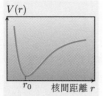

図 2.2　H_2 分子の
ポテンシャルエネ
ルギー

波動関数の重なりと安定な結合　　原子核には陽子が含まれ，＋の電荷をもっているので，そのままでは安定な結合を作ることはできない．化学結合を作るのは－の電荷をもった電子である．原子核がお互いに近づくと原子の軌道は重なる．図 2.1 は水素原子の二つの 1s 軌道の重なりを示したものであるが，二つの原子が近づいて，二つの 1s 軌道が重なると，干渉によって波が強め合う．1s 軌道が原子核の間で強め合ったら，その二乗が電子の存在確率を表すからそこに高い確率で電子がいることになる．それによって分子としては，部分的に ＋-＋ という電荷分布になり，安定な化学結合が可能になる．原子核の間の距離が小さくなるほど軌道の重なりは大きくなり，それにつれてエネルギーも安定になるが，あまり近づきすぎると原子核の＋の電荷どうしの反発が大きくなって，かえって不安定になる．したがって，分子はある適切な核間距離 r_0 で最も安定になり，エネルギー $V(r)$ は図 2.2 のようになる．

ボルン-オッペンハイマー近似　　原子は原子核と電子からなっているが，これが結合して分子ができ，数え切れないくらい多くの分子が安定に存在している．分子とはいったい何なのだろうか．

　図 2.3 は水素分子を表したもので，原子核 (陽子) 二個と電子二個で構成されている．それぞれの粒子についてシュレーディンガー方程式を解けばよいのだが，粒子が三つ以上ある系ではお互いの相関があって方程式は解けず (多体問題)，分子の状態を厳密に知ることはできない．

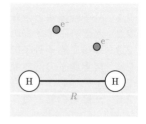

図 2.3　H_2 分子

　そこで，何らかの近似を導入して真の値にできるだけ近い値をえることが必要になる．まず，考えられるのは原子核と電子を分離することである．実際，電子の質量は原子核に比べるとはるかに小さい．つまり，電子が運動している時間には，原子核は静止していると考え，運動も波動関数も別々に取り扱う．これを，**ボルン–オッペンハイマー**（Born–Oppenheimer）**近似**という．これにしたがうと分子内での原子核の距離は固定されるので電子のポテンシャルエネルギーが定まり，シュレーディンガー方程式の近似解を比較的簡単にえることができる．それでも一般に分子には複数の電子があって，お互いの相関を容易に取り扱うことができない．そこで，まず電子が一個の系，水素分子イオンを考え，そのエネルギー準位とそれぞれに対する波動関数（**分子軌道**）の近似解を求めることにする．こうしてえられたエネルギー準位に電子を順に二個ずつ詰めていき，複数の電子をもつ分子も同じ軌道とエネルギー準位で取り扱う．

参考　**電子と陽子の質量**　電子の質量は

$$m_\mathrm{e} = 0.91 \times 10^{-30}\ [\mathrm{kg}],$$

また水素の原子核である陽子の質量は

$$m_\mathrm{p} = 1.67 \times 10^{-27}\ [\mathrm{kg}]$$

であり，原子核の方がおよそ2000倍重い．したがって，電子の運動を考えるときに原子核は静止していると仮定するボルン–オッペンハイマー近似はもっともらしい．しかし，実際にはボルン–オッペンハイマー近似の破れから分子のいろいろな化学過程が起こっていることも多くの実験で確かめられており，電子状態が変わると，原子核の運動もわずかに変化するときもある．ただし，その厳密な計算はとても難しいので，まずは電子と原子核の運動を分けて取り扱い，分子の性質を理解する．

原子軌道と分子軌道
- 原子軌道
  ψ（プサイ）
- 分子軌道
  ϕ（ファイ）

この教科書では，
それぞれの波動関
数を区別して表す．

水素分子イオンのシュレーディンガー方程式　　水素分子イオン H_2^+ は図 **2.4** のように表される．このときのシュレーディンガー方程式は

$$\left\{-\frac{\hbar^2}{2m_e}\left(\frac{\partial^2}{\partial x^2}+\frac{\partial^2}{\partial y^2}+\frac{\partial^2}{\partial z^2}\right)-\frac{\hbar^2}{2m_p}\left(\frac{\partial^2}{\partial X^2}\right.\right.$$
$$\left.\left.+\frac{\partial^2}{\partial Y^2}+\frac{\partial^2}{\partial Z^2}\right)-\frac{e^2}{r_{1A}}-\frac{e^2}{r_{1B}}+\frac{e^2}{R_{AB}}\right\}\phi=E\phi$$

$$(2.1)$$

となる．ここで，m_e, m_p は電子および原子核（陽子）の質量，(x, y, z), (X, Y, Z) は電子および原子核の位置で，ハミルトン演算子の第一項と第二項は，そ

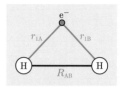

図 **2.4**　H_2^+分子イオン

れぞれ電子と原子核の運動エネルギーを表している．ϕ は分子全体の波動関数である．ポテンシャルエネルギーは $+e$ と $-e$ の電荷のクーロン引力と原子核どうしの斥力によるもので，距離に反比例し電荷の積に比例する．ボルン–オッペンハイマー近似を用いて原子核の運動が電子に比べて遅いと考えると，第二項の原子核の運動エネルギーの項と，ポテンシャルエネルギーのうち原子核の間の距離 R_{AB} の項を定数として扱うことができ，(2.1) 式は

$$\left\{-\frac{\hbar^2}{2m_e}\left(\frac{\partial^2}{\partial x^2}+\frac{\partial^2}{\partial y^2}+\frac{\partial^2}{\partial z^2}\right)\right.$$
$$\left.-\frac{e^2}{r_{1A}}-\frac{e^2}{r_{1B}}\right\}\phi=E\phi \qquad (2.2)$$

と表される．このようにして，水素分子イオン H_2^+ を一電子の問題として取り扱うことができ，(2.2) 式を近似的に解いて，固有関数とエネルギー固有値を求める．

分子の波動関数とエネルギー

原子にはそれぞれ s, p などの軌道があるが，それらが重なり合って結合ができ分子となる．その原子軌道の重なりによって分子全体の軌道が作られ，これを**分子軌道**という．原子のときと同じように，分子にもいくつかの許されるエネルギー準位があり，それぞれに分子軌道が対応している．分子のシュレーディンガー方程式は厳密に解くことはできないが，固有関数とエネルギー固有値は，巧みな近似法を用いて求めることができる．

電子は複数あるエネルギー準位のどれかを占有し，エネルギーの小さい準位から二個ずつ配置される．安定な分子ではそのうちで最もエネルギーの小さい電子配置をとり，全体の電子のエネルギーが最小となるような**結合長，結合角**に原子核が位置している．

ボルン–オッペンハイマー近似を用いると，電子と原子核の運動と波動関数を分離して取り扱うことができるが，原子核の運動はさらに振動，回転，並進に分けて考える．振動と回転については，それぞれに特有の固有関数とエネルギー固有値が求められ，分子スペクトルの理解にとても重要であるので次章で詳しく解説する．これに対して，並進は明確なエネルギー準位が観測されないので，本書では取り扱わない．

電子と原子核にはその自転運動に対応するスピン角運動量が存在し，**電子スピン角運動量**（s）および**原子核スピン角運動量**（I）とよばれる．スピンのエネルギーは電子や原子核の運動のエネルギーに比べてかなり小さい．

分子全体の波動関数は，電子，振動，回転，並進，電子スピン，原子核スピンの波動関数すべての積で表される．それぞれの波動関数に対してエネルギーが定まり，分子全体のエネルギーはその和として与えられる．

分子の波動関数

［電子の波動関数］
　分子軌道
　(molecular orbital)

［原子核の波動関数］
　振動
　(vibration)
　回転
　(rotation)
　並進
　(translation)

［スピンの波動関数］
　電子スピン s
　(electronic spin)
　原子核スピン I
　(nuclear spin)

LCAO と分子のエネルギー準位

図 2.5
H$_2$ 分子の LCAO

　分子はいつどこで実験しても同じ波長の電磁波を吸収する．このことは，分子のエネルギーは決まっていて，とびとびの値をとっていることを示している．これが分子のエネルギー準位であり，その各々に固有の波動関数（固有関数）が対応している．これが分子軌道である．図 2.5 は H$_2$ 分子の安定な分子軌道をおおまかに示したものである．図の中の曲線は波の大きさが等しい点をつないだものである．原子の軌道が重なったところでは波が強め合い，全体としてなめらかな分布になっている．波動関数の二乗が電子の存在確率になるので，これをみると電子がどのように分布しているかがわかる．

　H$_2$ 分子を作っている二つの H 原子の 1s 軌道を ψ_A, ψ_B とし，この分子軌道を次のように表す．

$$\phi = c_A \psi_A + c_B \psi_B \qquad (2.3)$$

これを **LCAO**（原子軌道の一次結合）という．ここで，c_A, c_B はそれぞれの原子軌道の寄与を示す係数である．ψ_A, ψ_B は既知の原子軌道であり規格化されているので，後は c_A, c_B を求めれば分子軌道を決定することができる．

　H$_2$O 分子の場合は二つの O–H 結合があり，O 原子の 2p 軌道と H 原子の 1s 軌道が重なる．これが対になって全体の H$_2$O の分子軌道を作る（図 2.6）．

　一般に LCAO は

$$\phi = \sum_i c_i \psi_i \qquad (2.4)$$

の形で表される．原子軌道の組合せはいろいろあり，実際の分子にはいくつかのエネルギー準位が存在する．それぞれの準位には一つの分子軌道が対応していて，LCAO の係

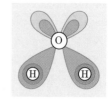

図 2.6
H$_2$O 分子の LCAO

数 c_i が異なる．電子はそのうちの一つを占有すると考え，分子の状態はいくつかのエネルギー準位に電子がどのように配置されるかで決まる．このような電子の占有のしかたを**分子の電子配置**という．最もエネルギーの小さい安定な状態を作ろうとすると，エネルギーの小さい準位から電子を詰めていけばよい．電子スピンには上向きと下向きの二つがあるから，一つの準位には二個まで電子が入ることができる．一般に，安定な分子は偶数個の電子をもっていて，ある準位 ε_n までは電子が満たされ，それより上は空になっている．ε_n のように電子が占有している最も高いエネルギー準位を **HOMO**（**最高被占分子軌道**），ε_{n+1} のように電子が占有していない最も低いエネルギー準位を **LUMO**（**最低非占有分子軌道**）という．

電子が ϕ_n の準位にいると，そのエネルギーは ε_n になり，すべての電子についてその準位のエネルギーの総和をとると，分子全体の電子のエネルギーになる．また，分子軌道に対する各原子軌道の寄与はその分子軌道の係数をみればわかる．仮に，電子に対して順に $1, 2, 3, \ldots$ と番号をつけると，この電子配置の分子全体の電子の波動関数は電子が入った準位の波動関数の積の形で表される．

$$\Phi = \phi_1(1)\phi_1(2) \cdot \phi_2(3)\phi_2(4)\cdots$$
$$\phi_{n-1}(2n-3)\phi_{n-1}(2n-2) \cdot \phi_n(2n-1)\phi_n(2n) \tag{2.5}$$

また，分子全体の電子エネルギーは，それぞれの電子のエネルギーの和で与えられる．

$$E = 2\varepsilon_1 + 2\varepsilon_2 + \cdots + 2\varepsilon_{n-1} + 2\varepsilon_n \tag{2.6}$$

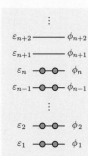

図 **2.7** 分子のエネルギー準位と電子配置

分子の固有関数とエネルギー固有値
固有関数 ϕ_n
エネルギー固有値 ε_n（イプシロン）

HOMO ε_n
最高被占分子軌道
（Highest Occupied Molecular Orbital）
電子が占有している最もエネルギーの高い分子軌道

LUMO ε_{n+1}
最低非占有分子軌道
（Lowest Unoccupied Molecular Orbital）
電子が占有していない最もエネルギーの低い分子軌道

変分原理と永年方程式　　分子における電子の波動関数
（分子軌道）を ϕ とすると，シュレーディンガー方程式は

$$\widehat{H}\phi = E\phi \tag{2.7}$$

と表される．この両辺に左から ϕ をかけ，全空間にわたっ
て積分すると，次の式がえられる．

$$\int \phi\widehat{H}\phi\, d\tau = \int \phi E\phi\, d\tau$$

エネルギー E は定数であるから積分の外へ出すことがで
き，エネルギー固有値は，最終的に次の式で与えられる．

$$E = \frac{\int \phi\widehat{H}\phi\, d\tau}{\int \phi^2\, d\tau} \tag{2.8}$$

分子ではこれを厳密に解くことはできないから，この近
似解を求めることにする．**変分原理**によれば，「近似的な
波動関数でえられるエネルギー固有値は，真の値よりも
必ず大きい．」ということになり，われわれは (2.8) 式
の解のうちで E の最も小さい値を求めればよいことに
なる．いま固有関数を

$$\phi = \sum_i c_i\psi_i \tag{2.4}（再掲）$$

で表し，この c_i を変化させて E が最も小さくなるとこ
ろを探し出す．計算を重ねると，次の式がえられる．

$$c_1(H_{11} - ES_{11}) + c_2(H_{12} - ES_{12}) + \cdots$$
$$+ c_n(H_{1n} - ES_{1n}) = 0$$
$$c_1(H_{21} - ES_{21}) + c_2(H_{22} - ES_{22}) + \cdots$$
$$+ c_n(H_{2n} - ES_{2n}) = 0 \tag{2.9}$$
$$\cdots\cdots$$
$$c_1(H_{n1} - ES_{n1}) + c_2(H_{n2} - ES_{n2}) + \cdots$$
$$+ c_n(H_{nn} - ES_{nn}) = 0$$

これを**永年方程式**といい，この連立方程式を解いてエネ
ルギー E と固有関数（$c_1, c_2, \ldots, c_n$ の値）を求める．こ

こで,

$$H_{ij} = \int \psi_i \widehat{H} \psi_j \, d\tau, \quad S_{ij} = \int \psi_i \psi_j \, d\tau \quad (2.10)$$

であり,これらの意味は次項で詳しく説明する.

[補足] **変分原理** 分子のシュレーディンガー方程式は厳密に解けないので,何らかの形の近似解を求める.そのとき,近似波動関数 ϕ' によって与えられるエネルギー E' は真のエネルギーの値より必ず大きい.したがって,求めうる中で最も小さいエネルギーとそれを与える波動関数が最適の近似解ということになる.

われわれは波動関数として LCAO を用いていて,求めたいのはその展開係数 c_i である.エネルギーはこの c_i の関数であるから,エネルギーを各 c_i で偏微分し,それが 0 となるところを探し出せばよい.すなわち

$$\frac{\partial E}{\partial c_i} = 0$$

が成り立つ.

[補足] **永年方程式の導出** (2.8) 式に (2.4) 式の LCAO を代入すると,

$$E \int \left(\sum_i c_i \psi_i \right)^2 d\tau = \int \left(\sum_i c_i \psi_i \right) \widehat{H} \left(\sum_i c_i \psi_i \right) d\tau$$

となる.これを $Eg = f$ とおいて,両辺を c_i で偏微分すると

$$\frac{\partial f}{\partial c_i} = E \frac{\partial g}{\partial c_i} + \frac{\partial E}{\partial c_i} g \quad (2.11)$$

がえられる.変分原理を用いると

$$\frac{\partial E}{\partial c_i} = 0$$

だから,(2.11) 式の右辺の第二項は 0 になる.したがって,

$$\frac{\partial f}{\partial c_i} = E \frac{\partial g}{\partial c_i}$$

がえられ,実際に微分を行うと,積分を含む項のうち c_i を含む項だけが値をもち,(2.9) 式が導かれる.

永年行列式でエネルギーを求める　　(2.9) 式の永年方程
式は c_i に関する一次の連立方程式である. すべての c_i が
0 というのはもちろんこの解であるが, それは意味がな
い. それ以外の解をもつためには, 次の行列式の値が 0
になることが必要十分条件になる.

$$
\begin{vmatrix}
H_{11} - ES_{11} & H_{12} - ES_{12} & \cdots & H_{1n} - ES_{1n} \\
H_{21} - ES_{21} & H_{22} - ES_{22} & \cdots & H_{2n} - ES_{2n} \\
\cdots & \cdots & \cdots & \cdots \\
H_{n1} - ES_{n1} & H_{n2} - ES_{n2} & \cdots & H_{nn} - ES_{nn}
\end{vmatrix} = 0
$$
$$(2.12)$$

これを**永年行列式**という. この行列式を展開すると E の
n 次方程式がえられ, それを解いてエネルギー固有値を
求めることができる.

　ここで, 式の中の積分を簡単なパラメーターで表すこ
とにする. H_{ii} は同じ原子の波動関数でハミルトン演算
子をはさんだ積分である. これを**クーロン積分**といい α_{ii}
で表す. H_{ij} は異なる原子軌道でハミルトン演算子をは
さんだ積分で**共鳴積分**といい, β_{ij} で表す. さらに, S_{ii}
は原子軌道関数の二乗の積分であるが, 原子軌道関数は
規格化されているとするのでその値は 1 になる. また,
S_{ij} は二つの異なる原子軌道関数の積の積分で, これを**重
なり積分**という. このようなパラメーター表示を考える
と, (2.12) 式は次のようになる.

$$
\begin{vmatrix}
\alpha_{11} - E & \beta_{12} - ES_{12} & \cdots & \beta_{1n} - ES_{1n} \\
\beta_{21} - ES_{21} & \alpha_{22} - E & \cdots & \beta_{2n} - ES_{2n} \\
\cdots & \cdots & \cdots & \cdots \\
\beta_{n1} - ES_{n1} & \beta_{n2} - ES_{n2} & \cdots & \alpha_{nn} - E
\end{vmatrix} = 0
$$
$$(2.13)$$

これによってえられるエネルギー固有値は, $\alpha_{ii}, \beta_{ij}, S_{ij}$
の関数で表される.

> **補足**　**行列要素と重なり積分**　永年方程式を用いて分子のエネルギーと固有関数を求めるが，その値を左右しているのがいくつかの積分である．
> 　波動関数でハミルトン演算子をはさんだ積分

$$\int \psi_i \widehat{H} \psi_j \, d\tau$$

を**行列要素**といい，二つの軌道が重なったときのエネルギーの安定の度合いを表す積分である．
　これに対して，波動関数の積の積分

$$\int \psi_i \psi_j \, d\tau$$

を**重なり積分**といい，二つの軌道の重なっている領域の大きさを表す．二つの波動関数が同じであればこれを 1 にするのが規格化である．

> **補足**　$\alpha_{ii}, \beta_{ij}, S_{ij}$

> i)　**クーロン積分**　$\displaystyle\int \psi_i \widehat{H} \psi_i \, d\tau = \alpha_{ii}$
>
> 　　波動関数 ψ_i の準位のエネルギーを表す．結合していない原子の軌道のエネルギーである．
>
> ii)　**共鳴積分**　$\displaystyle\int \psi_i \widehat{H} \psi_j \, d\tau = \beta_{ij}$
>
> 　　これは，二つの原子軌道が重なり，結合することによってどれくらいエネルギーが安定するかという目安を与える積分である．β_{ij} は負の値であり，軌道の重なりとともに絶対値が大きくなる．
>
> iii)　**重なり積分**　$\displaystyle\int \psi_i \psi_j \, d\tau = S_{ij}$
>
> 　　二つの原子軌道関数の重なっている領域の大きさを表す．
>
> ii) と iii) は原子間の距離や結合の方向によってその値が変化する．

固有関数（分子軌道）を求める (2.13) 式を解いてエネルギー固有値が求まったらそれを (2.9) 式の永年方程式に代入し，固有関数の展開係数 c_i を決める．(2.9) 式の積分をパラメーターに置き換えると，

$$c_1(\alpha_{11} - E) + c_2(\beta_{12} - ES_{12}) + \cdots$$
$$+ c_n(\beta_{1n} - ES_{1n}) = 0$$
$$c_1(\beta_{21} - ES_{21}) + c_2(\alpha_{22} - E) + \cdots$$
$$+ c_n(\beta_{2n} - ES_{2n}) = 0$$
$$\cdots\cdots$$
$$c_1(\beta_{n1} - ES_{n1}) + c_2(\beta_{n2} - ES_{n2}) + \cdots$$
$$+ c_n(\alpha_{nn} - E) = 0 \qquad (2.14)$$

という形になる．この式に，(2.13) 式でえられたエネルギー固有値を代入すると，そのエネルギー準位での c_i に対する関係式がえられ，これも $\alpha_{ii}, \beta_{ij}, S_{ij}$ の関数で表される．しかし，一般にはこれらの関係式だけではその絶対値を決めることができない．そこで，えられる固有関数（分子軌道）を規格化するという操作をして，関係式を導く．実際には，(2.4) 式の LCAO の二乗を全空間にわたって積分し，これが 1 になるようにする．

$$\int \phi^2 \, d\tau = \int \left(\sum_i c_i \psi_i\right)^2 d\tau$$
$$= \sum_{i,j} c_i c_j \int \psi_i \psi_j \, d\tau = 1 \qquad (2.15)$$

ここに出てくる積分の値は，1 か S_{ij} になるので，(2.14) 式から各 c_i の比を求めたら，その結果を (2.15) 式に代入して，各 c_i の絶対値を求める．こうして，分子の各エネルギー準位に対する固有関数（分子軌道）を決定することができる．具体的な計算は，次節で水素分子イオンを例に詳しく説明する．

まとめ　**分子軌道を解く三つの鍵**　分子軌道法の計算の進め方は決まっていて，ある分子について次のような操作を行う．

① 調べたい分子の原子軌道関数に対して次のような永年行列式を書く．

$$\begin{vmatrix} \alpha_{11} - E & \beta_{12} - ES_{12} & \cdots & \beta_{1n} - ES_{1n} \\ \beta_{21} - ES_{21} & \alpha_{22} - E & \cdots & \beta_{2n} - ES_{2n} \\ \cdots & \cdots & \cdots & \cdots \\ \beta_{n1} - ES_{n1} & \beta_{n2} - ES_{n2} & \cdots & \alpha_{nn} - E \end{vmatrix} = 0$$

これを解いて，分子のエネルギー固有値 ε_n を求める．

② この固有関数を LCAO

$$\phi = \sum_i c_i \psi_i$$

で表し，その展開係数 c_i を決めるために次のような連立方程式（永年方程式）を立てる．（①の行列式のある行の要素に展開係数をかけて足し，その値が 0 になるという式を n 個作る．）

$$c_1(\alpha_{11} - E) + c_2(\beta_{12} - ES_{12}) + \cdots$$
$$+ c_n(\beta_{1n} - ES_{1n}) = 0$$
$$c_1(\beta_{21} - ES_{21}) + c_2(\alpha_{22} - E) + \cdots$$
$$+ c_n(\beta_{2n} - ES_{2n}) = 0$$
$$\cdots\cdots$$
$$c_1(\beta_{n1} - ES_{n1}) + c_2(\beta_{n2} - ES_{n2}) + \cdots$$
$$+ c_n(\alpha_{nn} - E) = 0$$

これにエネルギーの値 ε_n を代入すると，c_i の比を求めることができる．

③ 規格化のための式

$$\int \phi^2 \, d\tau = 1$$

を計算し，これが成り立つように c_i の絶対値を定める．

この三つの式は，分子のエネルギー準位と分子軌道を解く鍵のような重要な方程式である．

2.2 水素分子イオンの軌道と エネルギー準位

水素分子イオンの永年方程式　　最も簡単な H_2^+ 分子イオンに対して実際に永年方程式を解いてみよう. 2.1 節の図 **2.4** に示したように, H_2^+ 分子イオンは原子核 (陽子) が二個と, 電子一個から構成されていて, 二つの H 原子の 1s 軌道の LCAO を

$$\phi = c_1\psi_1 + c_2\psi_2 \qquad (2.16)$$

と表す. 永年行列式は

$$\begin{vmatrix} \alpha_{11} - E & \beta_{12} - ES_{12} \\ \beta_{21} - ES_{21} & \alpha_{22} - E \end{vmatrix} = 0 \qquad (2.17)$$

となるが, H_2^+ の場合は両方とも同じ H 原子の 1s 軌道なので, $\alpha_{11} = \alpha_{22} = \alpha, \beta_{12} = \beta_{21} = \beta, S_{12} = S_{21} = S$ とすることができる. したがって, (2.17) 式は

$$\begin{vmatrix} \alpha - E & \beta - ES \\ \beta - ES & \alpha - E \end{vmatrix} = 0 \qquad (2.18)$$

と表され, 次のようなエネルギー固有値が求まる.

$$\varepsilon_1 = \frac{\alpha + \beta}{1 + S}, \quad \varepsilon_2 = \frac{\alpha - \beta}{1 - S} \qquad (2.19)$$

また, 永年方程式は

$$c_1(\alpha - E) + c_2(\beta - ES) = 0 \qquad (2.20)$$

$$c_1(\beta - ES) + c_2(\alpha - E) = 0 \qquad (2.21)$$

となり, (2.20) 式に $\varepsilon_1 = \frac{\alpha+\beta}{1+S}$ を代入すると $c_1 = c_2$, $\varepsilon_2 = \frac{\alpha-\beta}{1-S}$ を代入すると $c_1 = -c_2$ という関係式がえられる. これに規格化のための (2.24) 式を適用すると, 次の固有関数が求められる.

$$\phi_1 = \frac{1}{\sqrt{2(1+S)}}(\psi_1 + \psi_2) \qquad (2.22)$$

$$\phi_2 = \frac{1}{\sqrt{2(1-S)}}(\psi_1 - \psi_2) \qquad (2.23)$$

例題 1 H_2^+ の永年行列式と永年方程式を解いて，固有値と固有関数をまとめよ.

解 (2.18) 式の永年行列式を展開すると

$$(\alpha - E)^2 - (\beta - ES)^2 = 0$$

$$\therefore \quad \{\alpha + \beta - E(1+S)\}\{\alpha - \beta - E(1-S)\} = 0$$

これから，次のようなエネルギー固有値がえられる.

$$\varepsilon_1 = \frac{\alpha + \beta}{1 + S}, \quad \varepsilon_2 = \frac{\alpha - \beta}{1 - S}$$

ε_1 の値を (2.20) 式に代入すると

$$c_1 \left(\alpha - \frac{\alpha + \beta}{1 + S} \right) + c_2 \left(\beta - \frac{\alpha + \beta}{1 + S} S \right) = 0$$

$$c_1 \left(\frac{\alpha - \alpha S - \alpha - \beta}{1 + S} \right) + c_2 \left(\frac{\beta + \beta S - \alpha S - \beta S}{1 + S} \right) = 0$$

$$\therefore \quad (c_1 - c_2) \left(\frac{\beta + \alpha S}{1 + S} \right) = 0$$

後ろの括弧の中は 0 ではないから，$c_1 = c_2$ がえられる．これを (2.24) 式に代入すると

$$c_1 = c_2 = \frac{1}{\sqrt{2(1 + S)}}$$

同様に ε_2 を (2.20) 式に代入すると

$$c_1 = -c_2 = \frac{1}{\sqrt{2(1 - S)}}$$

がえられる.

補足 H_2^+ の波動関数の規格化 永年方程式でえられた固有関数は必ず規格化しなければならない．(2.16) 式の H_2^+ の固有関数に対しては

$$\int \phi^2 \, d\tau = \int (c_1 \psi_1 + c_2 \psi_2)^2 \, d\tau = 1$$

$$\therefore \quad c_1{}^2 \int \psi_1{}^2 \, d\tau + 2c_1 c_2 \int \psi_1 \psi_2 \, d\tau + c_2{}^2 \int \psi_2{}^2 \, d\tau = 1$$

$$\therefore \quad c_1{}^2 + 2c_1 c_2 S + c_2{}^2 = 1 \tag{2.24}$$

がえられ，これが規格化の条件の式となる.

H_2^+ のエネルギー準位と分子軌道

永年方程式からえられた H_2^+ のエネルギー固有値と固有関数は次のようになっている.

$$\varepsilon_1 = \frac{\alpha + \beta}{1 + S}: \qquad \phi_1 = \frac{1}{\sqrt{2(1+S)}}(\psi_1 + \psi_2)$$

$$\varepsilon_2 = \frac{\alpha - \beta}{1 - S}: \qquad \phi_2 = \frac{1}{\sqrt{2(1-S)}}(\psi_1 - \psi_2)$$

これを図 2.8 に模式的に示してある.

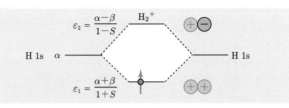

図 2.8　H_2^+ のエネルギー準位と分子軌道

β は負の値をもつので, ε_1 の準位は H 原子の 1s 軌道のエネルギーよりも低くなり安定になる. この準位に電子が入ると 1s 軌道が + どうしで重なり合い, 安定な結合ができる. この準位の固有関数は ψ_1, ψ_2 の両方でその係数が + であり, 波がうまく重なり合ってなめらかな分布をした分子軌道になっている.

これに対して, ε_2 の準位のエネルギーはむしろ H 原子の 1s 軌道より高くなっていて, この軌道に電子が入ると逆に結合が阻害されることになる. この準位の固有関数では ψ_1 と ψ_2 の符号が逆なので, これが重なるとお互いの波が打ち消し合い, 中央では値が 0 になる. したがって, 分子軌道の中心が節になり左右ですべて逆になる.

H_2^+ 分子には電子が一個あり, これが安定な ε_1 の準位に入ると結合を作っていない 1s 軌道のエネルギーより小さくなるので, 結果として H_2^+ 分子は安定に存在すると考えられる. しかし, この電子を光で励起して ε_2 準位へ上げると, 結合が不安定になって分子自体が解離する.

波動関数の節
(node)
波動関数の値が 0 の直線や平面を節という. そこでは, 電子の存在確率も 0 になる.

(補足) **電荷分布と分子の安定性**　＋と＋の電荷は反発し，＋と－の電荷は引き合う．これを**クーロンの静電引力**というが，分子の安定性を支配しているのは，この電荷による力である．原子核は＋の電荷をもっているので，これだけでは反発し合って化学結合を作ることはない．化学結合を作るには－の電荷をもつ電子が不可欠である．

　H_2^+ 分子の結合性軌道では H 原子の 1s 軌道が強め合い，原子核の中間の領域で波動関数の値は大きくなる．その二乗が電子の存在確率を表すから，波動関数が重なると原子核の中間に電子がより多く集まることになる．したがって，分子全体の電荷の空間分布は部分的に ＋－＋ になり，原子核の反発がうまく緩和されて，分子は安定に存在すると考えられる（図 2.9）．

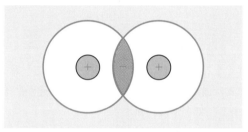

図 2.9　H_2^+ の電荷分布

H_2 分子はなぜ安定か

H_2 分子は電子を二個もっ
ていて，シュレーディンガー
方程式を一挙に解くことは
できない．そこで，二個の
電子は各々全く独立である
と仮定し，近似的にそのエ
ネルギー準位と固有関数は

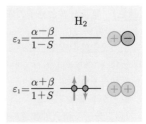

図 2.10　H_2 の電子配置

一電子系の H_2^+ 分子と同じものを用いて，その安定な
ϕ_1 の準位に電子を二個詰めたモデルを考える（図 2.10）．
このときの H_2 分子における電子の全エネルギーは

$$E = 2\varepsilon_1 = \frac{2(\alpha + \beta)}{1 + S}$$

になり，結合していない H 原子の 1s 軌道のエネルギーよ
り小さくなるので，H_2 分子は安定に存在すると考えられ
る．水素は通常の状態では気体であるが，確かに 100％，
H_2 分子として安定に存在する．

さて，この H_2 分子の安定性はエネルギーの式の中の β
と S という積分の値によるものであるが，それは原子核の
間の距離（核間距離 r）に依存する．二つの原子核が十分
遠くに離れていると（$r = \infty$），β も S も 0 なのでエネル
ギーは H 原子の 1s 軌道
のエネルギーの二倍にな
る．原子核が近づいてい
くと ε_1 は小さく，ε_2 は大
きくなっていくが，極小
点（平衡核間距離 r_0）を
超えると ε_1 も逆に大きく
なり，図 2.11 のようなふ
るまいを示す．

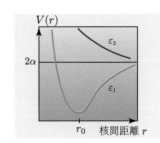

図 2.11　H_2 のエネルギー
準位の核間距離依存性

(補足) **結合性軌道と反結合性軌道** H 原子の 1s 軌道は第 1 章の表 1.1 より

$$\psi_{1s} = \frac{2}{\sqrt{4\pi}} a_0^{-\frac{3}{2}} e^{-\frac{r}{a_0}} \tag{2.25}$$

で表される．これは，$r = 0$，つまり原子核の位置で最大の値をとり，電子がそれから遠ざかるにつれて小さくなり 0 に収束する．これを二つ，0.1 nm くらいの距離で並べて重ねると H_2^+ 分子の固有関数になり，その空間分布は図 2.12 のようになる．安定な結合性軌道である ϕ_1 は二つの 1s 軌道を ＋ で重ねたものであり，波が干渉で強め合い分子全体で同じ符号の電子雲になっている．

　図 2.12 の下は結合軸上の波動関数の大きさを表したもので，特に二つの原子間で波動関数の値が大きくなっているのがわかる．ϕ_1 では，これとは逆に二つの 1s 軌道が ＋ と － で重なり合い，その波はお互いに打ち消し合ってしまう．原子間では波動関数は 0 になり，これは不安定な反結合性の軌道になる．

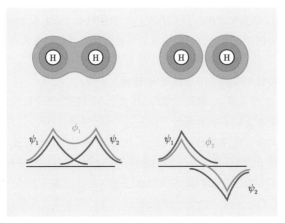

図 2.12　H_2^+ の固有関数

プログラミング演習 2-A
H 原子核の間の距離を 0.1 nm として，図 2.12 のグラフを，プログラムを作って描いてみよう．

2.3 等核二原子分子の σ 結合と π 結合

二つの p 軌道の結合

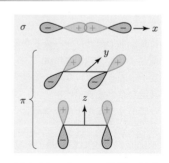

図 2.13　二つの p 軌道の結合

原子の p 軌道には p_x, p_y, p_z の三つがあり, 大きさや形は同じであるがその方向が異なる. 軌道の重なりを考えると, 方向が異なる p 軌道どうしは安定な結合を作らないことがわかるので, ここでは同じ方向の p 軌道を二つ重ねてできる化学結合を考える (図 2.13).

　p_x 軌道をその伸びた方向に二つ重ねる. これは波動関数の値が大きい方向に揃うので重なりの度合いも大きく, $H_2{}^+$ 分子の 1s 軌道の重なりと同様にしっかりとした強い結合ができる. これを **σ 結合**という.

　p_y および p_z 軌道の場合は, 二つの軌道が平行に離れて並んでいるので重なりは大きくはならないが, これでもやはり化学結合はでき, これを **π 結合**という. p_y および p_z 軌道による二つの π 軌道は形もエネルギーも全く同じで, 空間的な方向が 90° 違うだけである.

　この σ 結合と π 結合の性質は大きく異なる. σ 結合はその結合方向に電子の密度が高く, 指向性があるしっかりとした結合である. これに対して, π 結合では結合軸上には電子が全く存在せず, π 軌道はその上下の空間をふんわりと覆っていて, 空間的に非局在化した比較的弱い結合である. これらはいわば '骨と筋肉' のようなものであり, σ 結合がしっかりとした骨組みを作り, π 結合が筋肉のようにいろいろな機能を担っている.

補足 **σ 軌道と π 軌道の対称性**　σ 結合と π 結合を結合軸の方向から眺めてみると空間的な対称性が違うことがわかる（図2.14）。ちょうど原子の s 軌道と p 軌道と同じように，σ 結合は結合軸の周りのあらゆる角度で ＋ であり（円筒対称），たとえば $180°$ 回してもその符号は変わらない。これに対して，π 結合は結合の上下で ＋ と － になっており，軸の周りに $180°$ 回転させるとその符号が逆転する（二回反対称）。σ 結合と π 結合の違いも，分子軌道の空間的な対称性を考察するとわかりやすい。

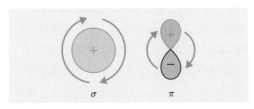

図 2.14　σ 軌道と π 軌道の結合軸周りの対称性

補足 **反結合性軌道 σ^* と π^***　水素分子の結合性軌道は二つの 1s 軌道からでき σ 軌道である。これに対して，反結合性軌道にはアスタリスクをつけて **σ^* 軌道**とよぶ。水素分子に紫外光を当てると，σ 軌道の電子が反結合性の σ^* 軌道に励起され，結合が解離してしまう。

　同じように，π 軌道にも結合性の π 軌道と反結合性の **π^* 軌道**がある（図2.15）。π 結合をもつ（二重結合をもつ）有機分子の紫外吸収は π 軌道の電子を光で π^* 軌道へ励起するものである（2.6節）。しかし，この場合は π 結合が切断されても，σ 結合が骨組みを作っているので分子が解離することはなく，π^* 軌道の電子は光を放出して π 軌道へと遷移し，元の安定な分子に戻る。

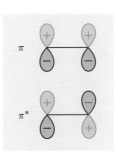

図 2.15　π 軌道と π^* 軌道の結合

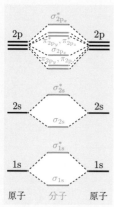

図 **2.16**
等核二原子分子の
エネルギー準位

等核二原子分子の軌道と電子配置 同じ原子を二つ近づけると，s 軌道と p 軌道の重なりによって σ 結合と π 結合ができ，等核二原子分子になるが，その化学的な性質は原子によって大きく異なる．周期律表の第二周期の原子は，1s, 2s，および 2p 軌道に電子をもっているが，同じ原子軌道を二つ重ねて分子軌道を形成し，等核二原子分子のエネルギー準位を考察する（図 **2.16**）．

1s 軌道と 2s 軌道は水素原子のときと同じように σ 軌道と σ^* 軌道を作る．2p 軌道については三種類が考えられる．結合軸上に並んだ二つの $2p_x$ 軌道は，結合性の σ_{2p_x} 分子軌道と反結合性の $\sigma_{2p_x}^*$ 分子軌道を作る．$2p_y, 2p_z$ 軌道はそれぞれが π_{2p_y}, π_{2p_z} 軌道と $\pi_{2p_y}^*, \pi_{2p_z}^*$ 軌道を作るが，これらは結合の形や強さは同じで方向が 90° 異なるだけなので，二つの準位のエネルギーは等しい（**縮退準位**）．

この分子軌道にエネルギーの小さい順から二個ずつ電子が入っていくが（図 **2.17**），この場合も原子と同じようにパウリの排他律とフントの規則が成り立つ．一つの軌道に電子はスピンを逆にして二個まで入る．また縮退軌道に対しては，電子はできるだけ別の準位にスピンの向きを同じにして入る．

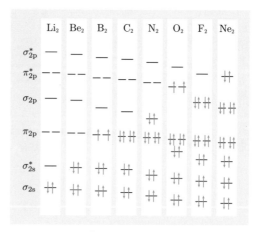

図 **2.17** 等核二原子分子の電子配置

　Li はアルカリ金属原子で，最外殻に s 電子を一個もっている．2s 軌道が二つ重なって σ_{2s} 分子軌道を作り，Li_2 分子は H_2 分子と同様，とても安定である．Be は第 2 族で，最外殻には s 電子を二個もっている．そのため σ_{2s} 分子軌道と σ_{2s}^* 軌道の両方に電子対ができ，Be_2 分子はそれほど安定ではないが，主量子数の大きな第 2 族元素はアルカリ土類元素とよばれ，硬い固体になる．B は第 3 族で，最外殻には s 電子を二個と p 電子を一個もっている．そのため π_{2p} に不対電子を一個ずつもつと予想されるが，実際はかなり複雑で，B_2 分子もそれほど安定ではない．

　C は，最外殻に s 電子を二個と p 電子（不対電子）を二個もっている．したがって，C は原子価 2 であると予想されるが，よく知られている通り実際の C の原子価は 4 である．これを理解するためには混成軌道を学ぶ必要があり，次節で詳しく解説する．N は，最外殻に s 電子を二個と p 電子（不対電子）を三個もっていて，原子価は 3 である．三個の 2p 電子がそれぞれ σ_{2p_x} と π_{2p_y}, π_{2p_z} の三つの化学結合を作るので，$N \equiv N$ はとても安定な分子である．O は，最外殻に s 電子を二個と p 電子を 4 個（不対電子二個）もっていて，原子価は 2 である．ところが，O_2 分子の電子配置は少し特殊で $\pi_{2p_y}^*, \pi_{2p_z}^*$ に不対電子が一個ずつ入っているため，O_2 分子自体は安定ではあるが反応性が高く，不対電子をもつので磁気的にも活性である．F はハロゲン元素で，最外殻で電子が一個だけ満たされていない．F_2 分子では，五個ずつの 2p 電子から結合性の軌道に電子対が三つ，反結合性の軌道に二つでき，全体として 2.6 節で説明する安定な分子になっている．Ne は貴ガス元素で，最外殻が八個の電子ですべて満たされていて，二原子分子 Ne_2 は安定ではない．He, Ne, Ar, Kr, Xe, ... は，通常の状態では化学結合を作らず，原子のまま気体として安定に存在する．

補足　軌道どうしの相互作用とエネルギー準位のシフト　二
つの原子を結合させて分子を作るとき，原子の準位のエネルギー
が変化（シフト）し，新たな分子のエネルギー準位ができる．こ
れを，二つの原子軌道が重なって分子軌道を形成すると考える
のが分子軌道法であるが，二つの原子のエネルギー準位が相互
作用して新たな二つの分子のエネルギー準位ができるとも捉え
ることができる．図 2.18 は，相互作用による準位のシフトを示
したものであるが，二つの準位があたかも反発するかのように，
高エネルギー準位（E_1）は上へ，低エネルギー準位（E_2）は下
へ，その相互作用の強さに比例してシフトし，二つの準位のエ
ネルギー差が小さいほどシフトも大きくなる．図 2.17 の等核二
原子分子のエネルギー準位をみると，特に σ_{2p} のエネルギーが
原子番号とともに大きく変化してエネルギーの小さい π_{2p} の準
位より上になることが予想され，実際に F_2，O_2 では σ_{2p} の準
位が下にある．ところが，この σ_{2p} 準位は，同じ空間対称性を
もつ低エネルギー側の σ_{2s} との相互作用（図 2.19）で高エネル
ギーの方へ押し上げられ，相互作用の大きさは原子の s 軌道と
p 軌道の混じり合い（s–p mixing）に比例する．多電子原子の
s 軌道と p 軌道のエネルギー準位は分裂しているが，原子番号
が小さい原子ほどそのエネルギー差も小さい．これは電子によ
る電場の遮蔽効果に起因しており，原子番号が大きくなって電
子数が増えると，p 軌道による遮蔽効果がより大きくなり，s 軌
道のエネルギーだけが原子番号とともに顕著に小さくなるため
である．逆に，原子番号が小さくなると σ_{2s} と σ_{2p} の相互作用
が大きくなり，σ_{2p} の準位が顕著に押し上げられ，N_2，C_2，B_2
では準位が逆転している．

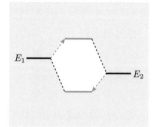

図 2.18　相互作用によるエ
ネルギー準位のシフト

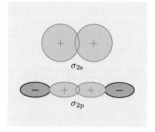

図 2.19
σ_{2s} 軌道と σ_{2p} 軌道

コラム N_2 と O_2 空気は主に N_2 と O_2 からでき
ているが，周期律表の隣の原子の等核二原子分子である
のにその性質は全く異なる．N_2 は化学的に不活性であ
るが，O_2 は活性で特に燃焼反応にはなくてはならない
ものである．この性質の違いは主に電子配置による．

　N 原子は三つの 2p 軌道に不対電子をもち，N_2 分子
ではそれぞれが結合を作って，σ_{2p_x} と π_{2p_y}, π_{2p_z} の結
合性軌道がすべて電子対で満たされる．これから電子を
取り去ったりさらに加えたりするのは容易ではなく，し
たがって分子は安定で化学的に不活性になる．O_2 分子
は，これに加えて反結合性の π_{2p}^* (π_y^*, π_z^*) にそれぞれ
一個ずつ不対電子をもち，化学的に活性になって燃焼反
応を起こし，電子を取り込んで陰イオンになりやすい．
また，不対電子のスピン角運動量があるので，磁気的に
も活性である．

　N_2 だけでは何も起こらないが，O_2 だけでは物質が
すぐ燃える．これを 4:1 で混合したほどよい活性の空
気は生命に必要不可欠な化学物質である．O_2 の割合が
少ないと哺乳類は生きられないし，割合が多すぎると火
が消せなくなる．N_2 分子では結合性軌道のエネルギー
準位はすべて二個の電子で占有されているので，安定な
化学結合ができて化学的には不活性である．これに対し
て，O_2 分子では反結合性の二重縮退した π_{2p}^* 軌道に二
個の不対電子が配置され，これが燃焼反応を引き起こす．
分子のエネルギー準位の逆転が直接決め手になっている
わけではないが，電子配置の差が化学活性の大きな違い
を生み出している典型的な例である．O_2 分子では N_2
分子より電子が二個多くなり，π_{2p}^* 軌道に不対電子のま
ま配置されるのが，化学活性の要因となっている．

2.4 炭素原子の混成軌道

炭素原子の原子価は 4　　C 原子は原子番号 6 であり，1s および 2s 軌道に二個ずつ，二つの 2p 軌道に一個ずつ電子をもっている．これを結合させて C_2 分子ができるが，この分子は安定で，たとえば炎の光の中にこの C_2 分子の発光が多く含まれている．図 2.20 に示した C 原子の電子配置を考えると，その結合の手は二つであり，二つの p 軌道の不対電子がそれぞれ π 結合を作って C_2 分子が安定にできる．ところが，C_2 分子という分子が安定であるのは不思議に感じられる．多くの分子で C 原子の原子価は 4 であるからである．これを説明するために，対を作っている 2s 電子を一個 2p へ励起し不対電子を四個にし，さらに s 軌道と p 軌道を結合させて等価ないくつかの軌道を作る．これを**混成軌道**という．

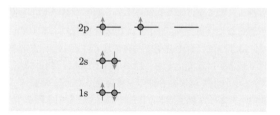

図 2.20　C 原子の電子配置

　C 原子の混成軌道にはいくつかの形があり，これからそれぞれについて分子軌道をみていくが，考え方としては原子の 2s 軌道と 2p 軌道を組み合わせ，新たな LCAO として混成軌道を作る．

$$\phi_i = c_{si}\psi_s + c_{p_x i}\psi_{p_x} + c_{p_y i}\psi_{p_y} + c_{p_z i}\psi_{p_z} \quad (2.26)$$

　これが結合の手が四つあるときの C 原子の軌道であると考えるのだが，このように三つの p 軌道を組み直すと空間的な角度はお互いに垂直ではなくなり，結合の方向や分子の構造に多様性が出る．

図 2.21 ダイヤモンドの結晶構造

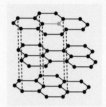

図 2.22 グラファイトの結晶構造

コラム 炭素物質の構造と混成軌道 単一の元素からなる物質を単体というが，炭素の単体の物質は，ダイヤモンド，グラファイト（石墨，黒鉛），グラフェン，カーボンナノチューブなど多彩である．図 2.21 は，ダイヤモンドの結晶構造を示したものであるが，C 原子は四つの結合をもち，周りの四つの C 原子は正四面体の頂点の位置に配置されている．四つの C–C 結合はすべて同等でエネルギーも結合長も同じであり，これを説明するためには，一つの 2s 軌道と三つの 2p 軌道を混合させる **sp^3 混成軌道**をどうしても考えなければならなかった．この考えで説明できない実験結果もあるのだが，多くの炭素化合物の特性を定性的に理解することができるので，C 元素の混成軌道は基本的な考え方として，今では広く受け入れられている．

ダイヤモンドでは，四つの同等な sp^3 混成軌道で C–C 共有結合が形成され，M 殻の電子はすべて強い σ 結合に使われているので，物質としては硬くて安定で反応性もなく，その輝きがあせることはない．これに対して，鉛筆の芯などに用いられるグラファイトでは，C 原子が正六角形の環を形成し，それが連なってシート状になっている（図 2.22）．個々の C 原子は三つの C 原子と結合しており，その結合は平面で三方向へ伸びている．これは一つの 2s 軌道と二つの 2p 軌道を混合させる **sp^2 混成軌道**であり，三つの C 原子と σ 結合している．もう一つの電子は，シートに垂直な p 軌道にあり，これは π 結合を形成している．この π 電子はシートの上下に広がり，可視領域のすべての波長の光を吸収するので，グラファイトは黒色で光を透過しない．さらに積み重なったシートは比較的容易にはがれるので，紙にこすりつけると付着し，ゴムでこすってはがすこともできるので，鉛筆の芯として最適である．

sp³ 混成軌道と正四面体配置

sp^3 混成軌道と正四面体配置　　図 2.23 は代表的な炭化水素化合物であるメタン（CH$_4$）を示したものであるが，この分子では四つの C–H 結合はすべて等価である．それは，結合の長さや強さ，軌道の形は同じであり，空間的な方向は違うがその関係がお互いに等しくなるような方向でなければならないということを意味する．四つの H 原子は正四面体配置をとっており，すべての結合で二つの C–H 結合のなす角度は 109.28° である．p 軌道では一つの軸上に波動関数が伸びていて，その両方で ＋ と －（波の山と谷）の極大をもっている．s 軌道は空間内のあらゆる位置で ＋ の符号をもっており，これと p 軌道を重ねると図 2.24 で示したような片方だけに大きく伸びた軌道になる．つまり，p 軌道の ＋ の部分は干渉で強め合い等高線の位置は広がる．逆に p 軌道の － の部分は打ち消し合って相対的に小さくなる．

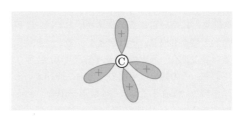

図 2.23　CH$_4$ 分子

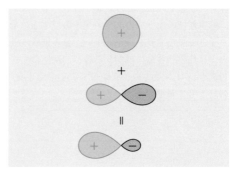

図 2.24　s 軌道と p 軌道の重なり

CH₄ 分子の場合には，2s 軌道と三つの 2p 軌道を巧みに組み合わせて四つの等価な軌道を作っている．これを **sp³ 混成軌道**といい（図 **2.25**），(2.27) 式の LCAO で表される．

$$\phi_1(\mathrm{sp}^3) = \frac{1}{2}(\psi_\mathrm{s} + \psi_{\mathrm{p}_x} + \psi_{\mathrm{p}_y} + \psi_{\mathrm{p}_z})$$

$$\phi_2(\mathrm{sp}^3) = \frac{1}{2}(\psi_\mathrm{s} - \psi_{\mathrm{p}_x} - \psi_{\mathrm{p}_y} + \psi_{\mathrm{p}_z})$$

$$\phi_3(\mathrm{sp}^3) = \frac{1}{2}(\psi_\mathrm{s} - \psi_{\mathrm{p}_x} + \psi_{\mathrm{p}_y} - \psi_{\mathrm{p}_z})$$ (2.27)

$$\phi_4(\mathrm{sp}^3) = \frac{1}{2}(\psi_\mathrm{s} + \psi_{\mathrm{p}_x} - \psi_{\mathrm{p}_y} - \psi_{\mathrm{p}_z})$$

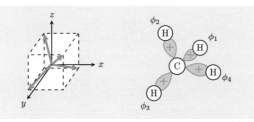

図 **2.25**　sp³ 混成軌道

例題 2　図 **2.25** を参考にして sp³ 混成軌道 (2.27) 式を導け．

$(x, y, z) = (\pm 1, \pm 1, \pm 1)$ を頂点とする立方体を考え，その交互の頂点四つに向いた等価な軌道を作らなければならない．(2.26) 式のようにこの LCAO を表すと，ψ_s はすべて同じに分配されなければならない．また分配されてもすべてのその寄与の和は ψ_s 一個分であるので次の関係式がえられる．

$$c_{\mathrm{s}i}{}^2 = c_{\mathrm{p}_x i}{}^2 = c_{\mathrm{p}_y i}{}^2 = c_{\mathrm{p}_z i}{}^2$$

$$c_{\mathrm{s}i}{}^2 + c_{\mathrm{p}_x i}{}^2 + c_{\mathrm{p}_y i}{}^2 + c_{\mathrm{p}_z i}{}^2 = 1$$

これからその係数はすべて $\frac{1}{2}$ になる．同様に三つの p 軌道の係数は $+\frac{1}{2}$ か $-\frac{1}{2}$ になるが，図 **2.25** を見てその符号を決めると (2.27) 式のような LCAO になる．

sp² 混成軌道と平面配置　　メタン分子（CH₄）では四つの等価な sp³ 混成軌道を考えたが，C 原子はこのほかにも二重結合，三重結合を作って違った電子配置をとることができる．二重結合の典型的な分子はエチレン（H₂C＝CH₂）であり，C 原子は図 **2.26** に示したような **sp² 混成軌道**をとっている．C 原子の 2s 軌道と $2p_x, 2p_y$ 軌道を混ぜて三つの等価な sp² 混成軌道を作る．空間的に等価な三つの方向とは，平面上でお互いに 120° の角度をなすときである．混成に関与しない $2p_z$ 軌道は，その平面に垂直な方向に残って二つ並び，π 結合を作る．

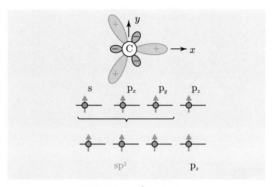

図 2.26　sp² 混成軌道

例題 3　　エチレン分子の分子構造を推定し，その σ 軌道と π 軌道を図示せよ．

解　エチレン分子の二つの炭素原子は sp² 混成軌道をとり，すべての原子は一つの平面上に並んで結合角はすべて 120° になる．その一つで C–C の σ 結合を作る．他の二つは H 原子の 1s 軌道と結合する．$2p_z$ 軌道は二つ並んで π 結合を作る．これらの軌道を図示すると図 **2.27** のようになる．

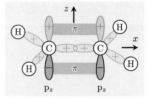

図 2.27　エチレンの σ 結合と π 結合

sp 混成軌道と直線配置 三重結合の典型的な分子はアセチレン（HC≡CH）である．この場合は C 原子の 2s 軌道と 2p 軌道が混ざって **sp 混成軌道**を作り，一つの軸上で逆方向の二つの結合ができる（図 2.28）．残りの $2p_y, 2p_z$ 軌道はそれぞれ sp 混成軌道に垂直な方向で π 結合を作り，全体として σ が一つ，π が二つの三重結合になる．

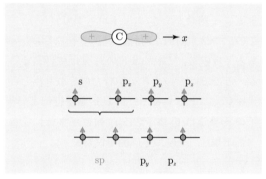

図 2.28 sp 混成軌道

例題 4 アセチレン分子の分子構造を推定し，その σ 軌道と π 軌道を図示せよ．

解 アセチレン分子では C 原子は sp 混成軌道をとり，四つの原子が直線上に並ぶ．C–C 間には一つの σ 結合とそれに垂直な $2p_y, 2p_z$ 軌道によって二つの π 結合ができる（図 2.29）．

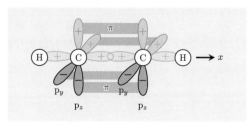

図 2.29 アセチレンの σ 結合と π 結合

2.5 π軌道のエネルギー準位

π電子の永年方程式

　二重結合をもった炭化水素化合物では，多くの場合すべての原子が同一平面上に並び（平面分子），その面上に σ 結合，面に垂直に π 結合ができ

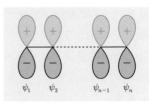

図 2.30　C原子の $2p_x$ 軌道による π 軌道

る．この二つは空間的な対称性が異なるのでお互いに独立であると仮定し，これらを別々に分けて考えることができる．ここではそのうち π 結合だけを取り出し，永年方程式を解くことにする．これを **π電子近似** という．

　分子の π 軌道はC原子の $2p_z$ 軌道が平行に並んだもので（図 2.30），一般にその固有関数を

$$\phi = \sum_i c_i \psi_i$$

$$= c_1\psi_1 + c_2\psi_2 + \cdots + c_{n-1}\psi_{n-1} + c_n\psi_n \quad (2.28)$$

と表すことにする．これに対する永年行列式は，(2.13) 式と同じで

$$\begin{vmatrix} \alpha_{11} - E & \beta_{12} - ES_{12} & \cdots & \beta_{1n} - ES_{1n} \\ \beta_{21} - ES_{21} & \alpha_{22} - ES_{22} & \cdots & H_{2n} - ES_{2n} \\ \cdots & \cdots & \cdots & \cdots \\ \beta_{n1} - E & \beta_{n2} - ES_{n2} & \cdots & \alpha_{nn} - E \end{vmatrix} = 0$$

となる．H_2^+ のときと違うのは1s軌道が $2p_z$ 軌道と平行の並びになっただけである．また永年方程式も (2.14) 式と全く同じになる．

ヒュッケル近似で永年方程式を解く　π電子近似でも，永年方程式を解くことによって，エネルギー固有値と固有関数（分子軌道）が求まる．しかし，H_2^+ 分子のときの 1s 軌道と違って，π結合では C 原子の $2p_z$ 軌道の重なりは比較的小さい．そこで，次のような近似を導入して永年行列式を簡単にし，原子数の多い大きな分子でもうまく解けるようにする．

  i)　すべての C 原子でクーロン積分 α は等しい．

  ii)　共鳴積分 β は隣り合う C 原子の場合だけ β とし，それ以外の直接結合していない C 原子間はすべて 0 とする．

  iii)　重なり積分 S は無視してすべて 0 とする．

これらをまとめて**ヒュッケル** (Hückel) **近似**という．

　ヒュッケル近似での永年方程式では，対角線の位置の要素（対角要素）はすべて $\alpha - E$ になる．対角要素以外は β か 0 になるが，そのどちらになるかは分子の構造を考えて決める．こうしてえられた永年方程式を解くと，エネルギー固有値は $\alpha + x\beta$ という形で与えられる．これは，結合をしていない C 原子の $2p_z$ 軌道のエネルギー α から，共鳴積分のどれくらいの割合で安定するかという形になっている．

　こうしてえられる固有関数は規格化しなければならないが，ヒュッケル近似では重なり積分を 0 としているのでその式は

$$c_1{}^2 + c_2{}^2 + \cdots + c_n{}^2 = 1 \qquad (2.29)$$

でよい．

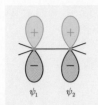

$\psi_1 \quad \psi_2$

図 2.31 エチレン
の π 軌道

エチレンの π 結合 最も簡単な π 結合の分子はエチレン（$H_2C{=}CH_2$）である．この分子にヒュッケル近似を適用して π 結合の永年方程式を解いてみよう．エチレンの π 軌道を

$$\phi = c_1\psi_1 + c_2\psi_2 \tag{2.30}$$

で表す（図 2.31）．この永年行列式は

$$\begin{vmatrix} \alpha - E & \beta \\ \beta & \alpha - E \end{vmatrix} = 0 \tag{2.31}$$

で与えられ，これを解くと次のエネルギー固有値がえられる．

$$\varepsilon_1 = \alpha + \beta, \quad \varepsilon_2 = \alpha - \beta \tag{2.32}$$

また，永年方程式は

$$c_1(\alpha - E) + c_2\beta = 0 \tag{2.33}$$

$$c_1\beta + c_2(\alpha - E) = 0 \tag{2.34}$$

となり，これにエネルギー固有値を代入してさらに規格化のための式

$$c_1{}^2 + c_2{}^2 = 1 \tag{2.35}$$

を用いると，次の固有関数がえられる．

$$\phi_1 = \frac{1}{\sqrt{2}}(\psi_1 + \psi_2)$$
$$\phi_2 = \frac{1}{\sqrt{2}}(\psi_1 - \psi_2) \tag{2.36}$$

β は負の値をとるので，$\varepsilon_1 = \alpha + \beta$ の準位は結合性の安定な π 軌道である．二つの p_z 軌道は ＋ と ＋，－ と － で重なっており，エチレンではこの軌道に電子が二個入るので安定な π 結合ができ，sp^3 混成軌道どうしの σ 軌道と合わせて二重結合になる．

これに対して，$\varepsilon_2 = \alpha - \beta$ の準位は反結合性の π^* 結合であり，二つの p_z 軌道は打ち消し合って，安定な結合はできない．

まとめ ヒュッケル近似　二重結合をもつ（不飽和）炭化水素などの π 結合に対しては次のような近似を導入して永年方程式を立てる.

 i) クーロン積分　$\alpha_{11} = \alpha_{22} = \cdots = \alpha_{nn} = \alpha$
 ii) 共鳴積分　$\beta_{ij} = \beta$
   ただし, 隣接していない C 原子間は 0 とする.
 iii) 重なり積分　$S_{ij} = 0$

補足 ヒュッケル永年方程式を解く三つの鍵　ヒュッケル法を用いると永年方程式はとても簡単になるが, 方程式自体は $H_2{}^+$ のときと同じであり, 分子を解く三つの鍵を次のように用意する.

① π 電子をもった C 原子の数 n を求め, n 行 n 列の永年行列式を書く. 対角要素には $\alpha - E$ を入れ, それ以外は β か 0 を入れる.

② 各行の要素に展開係数 c_i をかけて和をとり, それが 0 になるという永年方程式を n 個作る. これに①でえられたエネルギー固有値を一つずつ代入して, 符号も含めた c_i の比を求める.

③ 規格化のための式

$$c_1{}^2 + c_2{}^2 + \cdots + c_n{}^2 = 1$$

にその比を適用して, 各 c_i の絶対値を決める.

例題 5　ヒュッケル近似を用いてエチレン分子の π 軌道のエネルギーと固有関数を求めよ.

解　(2.31) 式の永年行列式を展開すると

$$(\alpha - E)^2 - \beta^2 = 0$$

$$\{E - (\alpha + \beta)\}\{E - (\alpha - \beta)\} = 0$$

$$\therefore \quad \varepsilon_1 = \alpha + \beta, \quad \varepsilon_2 = \alpha - \beta$$

$\varepsilon_1 = \alpha + \beta$ を (2.33) 式の永年方程式に代入すると

$$c_1\{\alpha - (\alpha + \beta)\} + c_2\beta = \beta(c_2 - c_1) = 0$$

β は 0 ではないので,これから $c_1 = c_2$ という関係がえられ,規格化のための (2.35) 式に代入すると

$$c_1 = c_2 = \frac{1}{\sqrt{2}}$$

となって,固有関数が定まる.

同様に $\varepsilon_2 = \alpha - \beta$ からは $c_1 = -c_2$ という関係がえられ,

$$c_1 = -c_2 = \frac{1}{\sqrt{2}}$$

となる.これをまとめたのが図 **2.32** である.

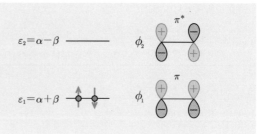

図 **2.32**　エチレン分子の π 軌道

ブタジエンの π 結合 エチレンを二つ連結するとブタジエン（$H_2C=CH-CH=CH_2$）になる．その σ 軌道と π 軌道を示したのが図 **2.33** である．π 軌道を

$$\phi = c_1\psi_1 + c_2\psi_2 + c_3\psi_3 + c_4\psi_4 \tag{2.37}$$

で表す．ヒュッケル近似を用いた永年行列式は

$$\begin{vmatrix} \alpha-E & \beta & 0 & 0 \\ \beta & \alpha-E & \beta & 0 \\ 0 & \beta & \alpha-E & \beta \\ 0 & 0 & \beta & \alpha-E \end{vmatrix} = 0 \tag{2.38}$$

のようになる．これをみると，対角線上には $\alpha - E$ が並んでいる．共鳴積分は $1 \leftrightarrow 2, 2 \leftrightarrow 3, 3 \leftrightarrow 4$ の間で β になっているが，$1 \leftrightarrow 3, 2 \leftrightarrow 4, 1 \leftrightarrow 4$ の間は隣接していないので 0 になっている．この行列式を解いてエネルギー固有値を，永年方程式と規格化のための式を用いて固有関数を求める．

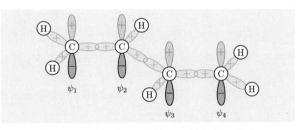

図 **2.33** ブタジエン分子の σ 結合と π 結合

例題6 ヒュッケル近似を用いたブタジエン分子の永年方程式と規格化のための式を示せ．

解 (2.38) 式の永年行列式から，永年方程式は次のように表される．

$$\begin{aligned} c_1(\alpha - E) + c_2\beta &&&= 0 \\ c_1\beta + c_2(\alpha - E) + c_3\beta &&&= 0 \\ c_2\beta + c_3(\alpha - E) + c_4\beta &&= 0 \\ c_3\beta + c_4(\alpha - E) &= 0 \end{aligned} \tag{2.39}$$

また，規格化のための式は (2.29) 式から

$$c_1{}^2 + c_2{}^2 + c_3^2 + c_4{}^2 = 1 \tag{2.40}$$

ヒュッケル近似でブタジエンを解く　　(2.38) 式のブタ
ジエンの永年行列式を解くと，エネルギー固有値は

$$\varepsilon_1 = \alpha + 1.618\beta, \quad \varepsilon_2 = \alpha + 0.618\beta,$$
$$\varepsilon_3 = \alpha - 0.618\beta, \quad \varepsilon_4 = \alpha - 1.618\beta \tag{2.41}$$

になる．このそれぞれの値を (2.39) 式の永年方程式に代
入すると c_1, c_2, c_3, c_4 の間の比を求めることができる．そ
れを，規格化のための (2.40) 式に代入すると次のような
固有関数が求まる．

$$\phi_1 = 0.3717\psi_1 + 0.6015\psi_2 + 0.6015\psi_3 + 0.3717\psi_4$$

$$\phi_2 = 0.6015\psi_1 + 0.3717\psi_2 - 0.3717\psi_3 - 0.6015\psi_4$$

$$\phi_3 = 0.6015\psi_1 - 0.3717\psi_2 - 0.3717\psi_3 + 0.6015\psi_4$$

$$\phi_4 = 0.3717\psi_1 - 0.6015\psi_2 + 0.6015\psi_3 - 0.3717\psi_4 \tag{2.42}$$

これを模式的に表したのが図 2.34 である．固有関数の
展開係数が ＋ であれば結合軸の上に ＋，－ であれば －
を書き，係数の絶対値の大きさを p 軌道の大きさで表し
てある．

　このようにして，ヒュッケル近似を用いた永年方程式を
解いて，π 軌道のエネ
ルギーと固有関数 (分
子軌道) を求めれば分
子の構造と性質を理
解することができる．
ブタジエンでは，ε_1 と
ε_2 のエネルギー準位
に二個ずつ電子が入
り，それぞれの結合の
強さや長さがその分
子軌道で決まってい
る．

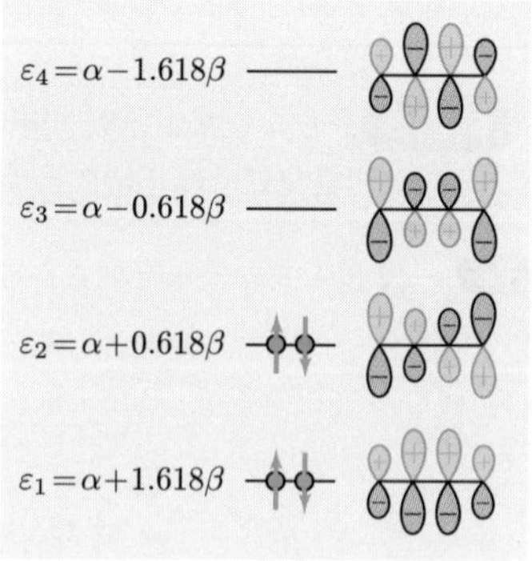

図 2.34　ブタジエン分子の
π 結合の固有値と固有関数

例題 7　　ブタジエンの永年行列式 (2.38) 式を解いて，π 軌道のエネルギー固有値を求めよ.

解　　(2.38) 式の両辺を β で割り，対角要素を

$$x = \frac{\alpha - E}{\beta}$$

とおいて，これを展開する.

$$\begin{vmatrix} x & 1 & 0 & 0 \\ 1 & x & 1 & 0 \\ 0 & 1 & x & 1 \\ 0 & 0 & 1 & x \end{vmatrix}$$

$$= x \begin{vmatrix} x & 1 & 0 \\ 1 & x & 1 \\ 0 & 1 & 1 \end{vmatrix} - 1 \begin{vmatrix} 1 & 1 & 0 \\ 0 & x & 1 \\ 0 & 1 & x \end{vmatrix} = 0$$

$$\therefore \quad x^2 \begin{vmatrix} x & 1 \\ 1 & x \end{vmatrix} - x \begin{vmatrix} 1 & 1 \\ 0 & x \end{vmatrix} - \begin{vmatrix} x & 1 \\ 1 & x \end{vmatrix} + \begin{vmatrix} 0 & 1 \\ 0 & x \end{vmatrix} = 0$$

$$\therefore \quad x^4 - 3x^2 + 1 = 0$$

$$\therefore \quad x = \pm \sqrt{\frac{3 \pm \sqrt{5}}{2}} = \pm 1.618, \pm 0.618$$

$E = \alpha - x\beta$ より (2.41) 式のエネルギー固有値がえられる.

補足　　平行に並んだ $\mathbf{p}_z$ 軌道の重なり　　図 **2.30** のように，p_z 軌道を平行に並べると一見重なりが全くないように思われるが，p 軌道の形を描いているのは波動関数の等高線でありその外でも 0 ではない. したがって，これが平行に並ぶと小さいながらも重なりが生じて π 結合ができる.

　2.3 節で p 軌道どうしの重なりを考えて σ 結合と π 結合を導入したが，重なりの大きさを考えると π 結合の方が相対的に弱いのが理解できる. また σ 結合の重なりは結合軸上に集中し，そのため局在化した結合になっているのに対し，p_z 軌道の重なりは結合軸の上下で広い領域にわたっている. したがって，π 結合は非局在化して，空間的に広がった π 電子雲として表現される.

プログラミング演習 2-B
行列式の数値解を求めるプログラムを利用して，ブタジエンのヒュッケル近似のエネルギー固有値と固有関数を求めてみよう.

2.6 π結合の特異性

結合次数と π 電子の分布　　ヒュッケル近似を用いると，π 軌道のエネルギー固有値は比較的容易にえられ，また固有関数を求めると π 結合の性質がよくわかる．そのために重要な三つの値を定義する．

① **π 電子エネルギー**：$E_\pi = \sum_i \varepsilon_i$

すべての π 電子について，それが占有している準位のエネルギーの和をとる．これが分子全体の π 電子のエネルギーであり，これが小さいほど π 結合は安定になる．

② **π 電子密度**：$\rho_\pi(n) = \sum_i c_n{}^2$

すべての電子について n 番目の C 原子に対する固有関数の展開係数の二乗 $c_n{}^2$ の和をとる．これは，各 C 原子上に期待値として π 電子が何個いるかという密度を表す．

③ **π 結合次数**：$N_\pi(n_1\text{-}n_2) = \sum_i (c_{n_1} \times c_{n_2})$

i 番目の電子について，n_1 番目の C 原子と n_2 番目の C 原子の間の結合次数はその展開係数の積で与えられる．すべての電子について和をとったものを分子全体の π 結合次数といい，π 結合が強いところの値が大きくなり，C–C

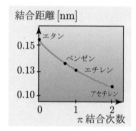

図 2.35　π 結合次数と結合距離

間の結合距離は短くなる．それを示したのが 図 2.35 であるが，逆に分子スペクトルの観測からは結合距離が求められるので，このグラフから π 結合次数を推定できる．

例題8 エチレン分子の π 電子密度と π 結合次数を求めよ.

解 エチレンの π 軌道は (2.36) 式で与えられ, 二個の π 電子が ϕ_1 を占有しているので,

$$\rho_\pi(1) = \rho_\pi(2) = 2 \times \left(\frac{1}{\sqrt{2}}\right)^2 = 1$$

となり, π 電子密度は両方 1 になる. また, π 結合次数は

$$N_\pi(1\text{--}2) = 2 \times \left(\frac{1}{\sqrt{2}} \times \frac{1}{\sqrt{2}}\right) = 1$$

になる.

例題9 ブタジエン分子の π 結合次数を求めよ.

解 (2.42) 式で与えられているブタジエン分子の π 軌道を用いると, 外側の π 結合次数は

$$N_\pi(1\text{--}2) = \sum_{I=1}^{4} (c_1 \times c_2)$$

$$= 2 \times (0.3717 \times 0.6015) + 2 \times (0.6015 \times 0.3717)$$

$$= 0.89 = N_\pi(3\text{--}4)$$

となる. また, 中央の π 結合に対しては次のようにえられる.

$$N_\pi(2\text{--}3) = \sum_{I=1}^{4} (c_2 \times c_3)$$

$$= 2 \times (0.6015 \times 0.6015) + 2 \times \{0.3717 \times (-0.3717)\}$$

$$= 0.45$$

補足 **ブタジエンの結合距離と推定 π 結合次数** 図 **2.36** に, 実験から求められた結合距離と図 **2.35** を用いて推定された π 結合次数を示す. このように, 実際の分子の結合次数は上で計算した結果とぴったり一致している.

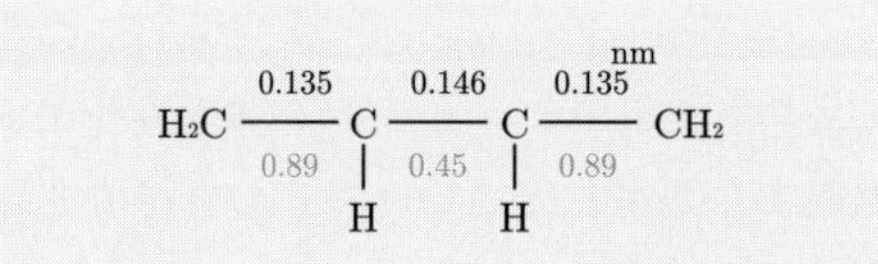

$$\underset{0.89}{H_2C} \overset{0.135}{\underset{}{\rule{2cm}{0.4pt}}} \underset{\substack{|\\H}}{C} \overset{0.146}{\underset{0.45}{\rule{2cm}{0.4pt}}} \underset{\substack{|\\H}}{C} \overset{\overset{nm}{0.135}}{\underset{0.89}{\rule{2cm}{0.4pt}}} CH_2$$

図 **2.36** ブタジエンの π 結合次数と結合距離

π 電子の非局在化　ブタジエンの π 軌道をよくみると，たとえば最も安定な ϕ_1 の軌道では，C 原子の p_z 軌道が三つの結合にわたって同じ符号で広がっていることがわかる（図 **2.37**）．ヒ

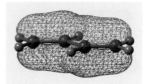

図 2.37　ブタジエンの ϕ_1 の π 軌道

ュッケル近似では，π 結合が可能なところにはすべて共鳴積分 β をおくので，空間的に π 結合が広がって，非局在化するのは理解できる．

　電子が占有している π 軌道の形がわかると，その分子の構造をおおよそ推定できる．もしブタジエンの π 結合が外側の $1 \leftrightarrow 2, 3 \leftrightarrow 4$ の位置に局在していると仮定すれば，エチレンと全く同じになってそのエネルギー固有値は

$$\varepsilon_1 = \varepsilon_2 = \alpha + \beta$$
$$\varepsilon_3 = \varepsilon_4 = \alpha - \beta$$

となる．中央にも π 結合ができると仮定してヒュッケル近似を使うと図 **2.34** のような結果となり，エネルギー固有値は

$$\varepsilon_1 = \alpha + 1.618\beta$$
$$\varepsilon_2 = \alpha + 0.618\beta$$
$$\varepsilon_3 = \alpha - 0.618\beta$$
$$\varepsilon_4 = \alpha - 1.618\beta$$

となる．結果として，四個の電子のエネルギーの総和である π 電子エネルギーはさらに小さくなる．この非局在化によって安定化されるエネルギーを**非局在化エネルギー**または**共鳴エネルギー**といい，多くの分子で非局在化による π 結合の安定化がみられる．

例題 10 ブタジエンの π 結合における共鳴エネルギーを求めよ。また，図 2.35 と図 2.36 から，非局在化による結合長の変化を推定せよ。

解 ブタジエンの π 結合が外側に局在化しているとするとエチレンと同じエネルギー準位となり，π 電子エネルギーは

$$E_\pi = 4(\alpha + \beta)$$
$$= 4\alpha + 4\beta$$

になる。これに対し，非局在化したときのエネルギーは (2.41) 式で与えられ，π 電子エネルギーは

$$E_\pi = 2\left(\alpha + 1.618\beta\right) + 2\left(\alpha + 0.618\beta\right)$$
$$= 4\alpha + 4.472\beta$$

になる。したがって，非局在化によるエネルギーの安定化，すなわち共鳴エネルギーは二つの差をとって 0.472β になる。また，非局在化によって，外側の結合は 0.131 nm（エチレン）から 0.135 nm へと長くなり，中央の結合は 0.155 nm（エタン）から 0.146 nm へと短くなる。

コラム π 電子の空間的な広がり　ブタジエン分子の π 結合の非局在化をみると，π 電子は可能な限り広がった方が，分子全体としては安定になると予想されるが，実際にこれより炭素数の多い分子や，次項で取り扱うベンゼンでも成り立つことが知られている。

二重結合と一重結合が交互に連結した系を**共役二重結合**といい，ポリアセチレンなどの分子で見られるが，π 結合が全体に広がり，電気伝導性の有機物質として応用されている。ベンゼン環が平面上に連結した系を**多環芳香族分子**というが，これも π 結合が平面上に広がって特殊な電気伝導性を示す。炭素の単体ではあるが，グラファイト，グラフェン，カーボンナノチューブなど，それぞれの特性を生かして，半導体素子や PC やスマートフォンなどの最新 IT 機器に応用されている。

ベンゼンのエネルギー固有値と固有関数　　　近似を用い

たベンゼンの π 結合の永年行列式は

$$\begin{vmatrix} \alpha - E & \beta & 0 & 0 & 0 & \beta \\ \beta & \alpha - E & \beta & 0 & 0 & 0 \\ 0 & \beta & \alpha - E & \beta & 0 & 0 \\ 0 & 0 & \beta & \alpha - E & \beta & 0 \\ 0 & 0 & 0 & \beta & \alpha - E & \beta \\ \beta & 0 & 0 & 0 & \beta & \alpha - E \end{vmatrix} = 0$$

$$(2.43)$$

で与えられ，$x = \frac{\alpha - E}{\beta}$ とおいてこれを展開するとエネル
ギー固有値がえられる．三次より高い次数の方程式を解
くのは難しいが，ベンゼンの場合は因数分解が容易で

$$(x+1)^2 (x-1)^2 (x+2)(x-2) = 0$$

となり，これから次のようなエネルギー固有値がえられる．

$$\begin{aligned} \varepsilon_1 &= \alpha + 2\beta \\ \varepsilon_2 &= \varepsilon_3 = \alpha + \beta \\ \varepsilon_4 &= \varepsilon_5 = \alpha - \beta \\ \varepsilon_6 &= \alpha - 2\beta \end{aligned}$$

$$(2.44)$$

　永年方程式にこれを代入して規格化すれば原理的には
固有関数がえられるが，残念ながらベンゼンは対称性が
高くて方程式が独立でなくなり，このままでは固有関数
を決めることができない．しかし，対称性を巧みに利用
すれば，次のような固有関数がえられる（図 **2.38**）．

$$\begin{aligned} \phi_1 &= \tfrac{1}{\sqrt{6}} \left(\psi_1 + \psi_2 + \psi_3 + \psi_4 + \psi_5 + \psi_6 \right) \\ \phi_2 &= \tfrac{1}{\sqrt{12}} \left(2\psi_1 + \psi_2 - \psi_3 - 2\psi_4 - \psi_5 + \psi_6 \right) \\ \phi_3 &= \tfrac{1}{2} \left(\psi_2 + \psi_3 - \psi_5 - \psi_6 \right) \\ \phi_4 &= \tfrac{1}{2} \left(\psi_2 - \psi_3 + \psi_5 - \psi_6 \right) \\ \phi_5 &= \tfrac{1}{\sqrt{12}} \left(2\psi_1 - \psi_2 - \psi_3 + 2\psi_4 - \psi_5 - \psi_6 \right) \\ \phi_6 &= \tfrac{1}{\sqrt{6}} \left(\psi_1 - \psi_2 + \psi_3 - \psi_4 + \psi_5 - \psi_6 \right) \end{aligned}$$

$$(2.45)$$

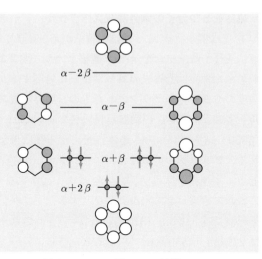

図 **2.38** ベンゼンの π 軌道

例題 11 ベンゼンの六個の電子について π 結合次数と π 電子密度を求め，六つの炭素原子，六つの π 結合はすべて等価で，ベンゼンは正六角形であることを示せ．

解 (2.45) 式の固有関数を用いると π 電子密度は

$$\rho_\pi(1) = 2 \times \left(\frac{1}{\sqrt{6}}\right)^2 + 2 \times \left(\frac{2}{\sqrt{12}}\right)^2 = 1$$

$$\rho_\pi(2) = 2 \times \left(\frac{1}{\sqrt{6}}\right)^2 + 2 \times \left(\frac{1}{\sqrt{12}}\right)^2 + 2 \times \left(\frac{1}{2}\right)^2 = 1$$

$$\rho_\pi(3) = 2 \times \left(\frac{1}{\sqrt{6}}\right)^2 + 2 \times \left(-\frac{1}{\sqrt{12}}\right)^2 + 2 \times \left(\frac{1}{2}\right)^2 = 1$$

また，π 結合次数は

$$N_\pi(1\text{–}2) = 2 \times \left(\frac{1}{\sqrt{6}} \times \frac{1}{\sqrt{6}}\right)$$
$$+ 2 \times \left(\frac{2}{\sqrt{12}} \times \frac{1}{\sqrt{12}}\right) + 2 \times \left(0 \times \frac{1}{2}\right) = \frac{2}{3}$$

$$N_\pi(2\text{–}3) = 2 \times \left(\frac{1}{\sqrt{6}} \times \frac{1}{\sqrt{6}}\right)$$
$$+ 2 \times \left(\frac{1}{\sqrt{12}} \times \left(-\frac{1}{\sqrt{12}}\right)\right) + 2 \times \left(\frac{1}{2} \times \frac{1}{2}\right) = \frac{2}{3}$$

$$N_\pi(3\text{–}4) = 2 \times \left(\frac{1}{\sqrt{6}} \times \frac{1}{\sqrt{6}}\right)$$
$$+ 2 \times \left(\left(-\frac{1}{\sqrt{12}}\right) \times \left(-\frac{2}{\sqrt{12}}\right)\right) + 2 \times \left(\frac{1}{2} \times 0\right) = \frac{2}{3}$$

したがって，π 電子密度 1，結合次数 $\frac{2}{3}$ ですべて同じになり，これからベンゼンは正六角形になると考えられる．

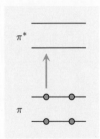

図 2.39
π–π^* 遷移

π 結合をもつ分子の紫外吸収スペクトル　　π 結合をもつ 炭化水素分子では，π 軌道の電子が光を吸収して π^* 軌道に遷移する．これを **π–π^* 遷移**という（図 2.39）．そのエネルギーは紫外光のエネルギーに対応するが，吸収強度の波長変化をグラフにしたものを **紫外吸収スペクトル**とよぶ．エチレンの紫外吸収スペクトルには，180 nm（55500 cm^{-1}）に π–π^* 遷移に対応する吸収帯が観測される．ヒュッケル近似では，エチレンの π 軌道と π^* 軌道のエネルギー差は $E = \varepsilon_2 - \varepsilon_1 = -2\beta$ になるので，これから $\beta \approx -27800\,\mathrm{cm}^{-1}$ だとすると，ブタジエンの吸収波長は 316 nm（31600 cm^{-1}）と予想され，実測値は 220 nm（45500 cm^{-1}）である．さらに，ヘキサトリエンでは 270 nm，オクタテトラエンでは 300 nm，デカペンタエンでは 330 nm と，π 結合が長くなるほど吸収波長は長くなっていく．

> **例題 12**　直鎖状の不飽和炭化水素 H-(HC=CH)$_n$H の
> ヒュッケル近似での π 軌道のエネルギー固有値は次の式で
> 与えられる．ただし，$i = 1, 2, \ldots, 2n-1, 2n$ とする．
> $$\varepsilon_i = \alpha + 2\beta \cos\left(\frac{i\pi}{2n+1}\right)$$
> ヘキサトリエン（H$_2$C=CH–HC=CH–HC=CH$_2$）の
> π–π^* 遷移の最長吸収波長を予想せよ．

解　　π–π^* 遷移の最も小さいエネルギーは

$$E = \varepsilon_4 - \varepsilon_3 = -2\beta\left(\cos\left(\frac{3\pi}{7}\right) - \cos\left(\frac{4\pi}{7}\right)\right)$$

$$= -2\beta\{0.225 - (-0.225)\} = -0.9\beta$$

$\beta = -27800\,\mathrm{cm}^{-1}$ を用いると π–π^* 遷移の最長吸収波長は

$$\frac{1}{0.9 \times \beta} = \frac{1}{0.9 \times (-27800)} = \frac{1}{25000} = 400\,\mathrm{nm}$$

と予想される．

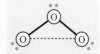

図 2.40
オゾン分子 O_3

O_3 分子の永年行列式

$$\begin{vmatrix} x & 1 & 0 \\ 1 & x & 1 \\ 0 & 1 & x \end{vmatrix} = 0$$

コラム　オゾンの紫外吸収　水銀灯は，強力な紫外線を出し，空気中の酸素分子（O_2）が反応を起こしてオゾン分子（O_3）を生成する（図 2.40）．波長の短い紫外線はエネルギーが大きく，人間の皮膚や目なども紫外線を浴びるとダメージを受ける．成層圏で紫外線を吸収してくれる O_3 は，地球上の生命を守ってくれる大切なものである．O_3 分子の詳細はまだ解明されていないが，二等辺三角形の構造をしていることが知られているので，一つの結合は弱いと思われる．O 原子は二個の不対電子をもっており，そのうちの一個ずつで分子面に垂直な三つの p 軌道で π 結合を考えヒュッケル近似で取り扱うと，エネルギー固有値は，

$$\varepsilon_1 = \alpha + \sqrt{2}\,\beta, \quad \varepsilon_2 = \alpha, \quad \varepsilon_3 = \alpha - \sqrt{2}\,\beta$$

で与えられ，固有関数は図 2.41 のようになる．ε_2 の準位に不対電子があり，分子は化学的に活性であると予想されるが，この電子を ε_3 へ励起する遷移は強度をもたない．これに対して，ε_1 の準位にある電子は，ε_3 の準位へ励起することができ，光のエネルギーは $2\sqrt{2}\,\beta$ になって，これがオゾンの紫外光吸収に対応していると考えられる．

さて，20 世紀の終わりから成層圏のオゾンの減少が顕著になり，人類が放出する**フロンガス**が原因であることが強く示唆された．フロンはメタンの H 原子を Cl や Br などのハロゲン原子で置換した化合物の総称で，右の欄外に示した連鎖反応で有効にオゾンを分解する．これを防ぐため，世界が協力してフロンガスの放出をなくす努力を続けていたが，これが功を奏して，最近になってオゾンホールが縮小しているという観測結果が報告された．

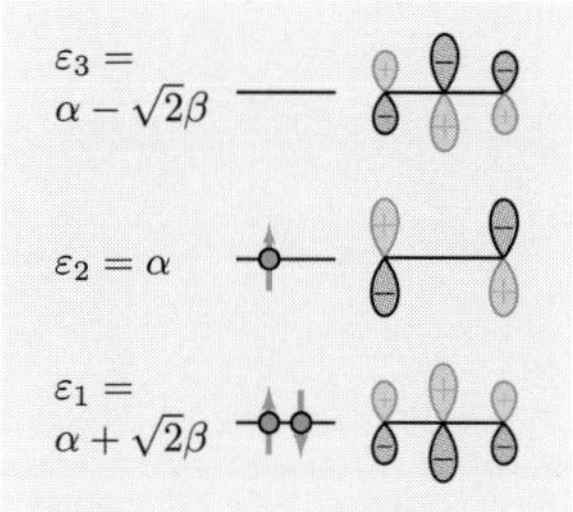

$$\varepsilon_3 = \alpha - \sqrt{2}\,\beta$$

$$\varepsilon_2 = \alpha$$

$$\varepsilon_1 = \alpha + \sqrt{2}\,\beta$$

図 2.41　O_3 のエネルギー固有値と固有関数

オゾン分解の連鎖反応

$O_2 + h\nu \rightarrow 2O$
$O + O_2 + Cl$
　　$\rightarrow O_3 + Cl$
$O_3 + h\nu \rightarrow O_2 + O$
$O_3 + O \rightarrow 2O_2$

演 習 問 題
第 2 章

2.1　　He$_2$ 分子は安定かどうかを分子の全エネルギーから予測せよ.

2.2　　(2.27) 式にならって, sp^2 混成軌道を導け.

2.3　　ヒュッケル近似での規格化の式が (2.29) 式で表されることを示せ.

2.4　　永年方程式 (2.9) 式を導け.

2.5　　重なり積分を $S = 0.1$ として, エチレン分子の π 軌道のエネルギーと固有関数を求めよ. またその結果をヒュッケル近似の結果と比較せよ.

2.6　　ブタジエン分子の中央の結合の共鳴積分 β を 0 として, π 軌道のエネルギーと固有関数を求めよ.

2.7　　ブタジエン分子の π 電子密度がすべての C 原子上で 1 になることを示せ.

第3章

分子の振動と回転

前章では，分子軌道法を用いて電子のエネルギーと波動関数を求め，分子の構造や性質をみてきた．化学結合を作っているのは電子であり，これを量子化学で取り扱うことにより，分子をきちんと理解することができる．

この章では，原子核の運動について解説する．これは振動，回転，並進の三つに分けることができるが，注目するのは振動と回転の運動であり，それぞれを調和振動子，剛体回転子モデルで考えてみる．

振動や回転のスペクトルは分子の指紋のようなものであって，分子それぞれに特徴があり，それを基に分析や検量をすることも多い．典型的な二原子分子と多原子分子を例にとり，スペクトルを参考にしながら基本的な取扱いを学ぶ．

CO₂ の逆対称伸縮振動

CO_2 分子の振動の一つに逆対称伸縮があって，片方の C=O 結合が伸びると，他方の C=O 結合が縮む振動モードである．この振動数は毎秒 10 兆回くらいであり，赤外光の振動数と同じになって，太陽光の赤外線を吸収する．二つの C=O 結合が同時に伸び縮みする対称伸縮モードは赤外線を吸収しない．

3.1 原子核の運動
─振動・回転・並進─

原子核の運動の自由度　　分子を構成する原子核は，そ
れぞれが三次元に自由に動くことができ，分子は絶えず
空間的な位置や向き，形を変えている．原子核の動きを
分子全体の運動として捉え，並進，回転，振動に分けて
考えてみる．

　ある分子が N 個の原子をもっているとすると，それぞ
れの原子核は x, y, z 軸の三次元に独立に運動することが
できるので，これを運動の**自由度**は 3 であるといい，分
子全体としての原子核の運動の自由度は $3N$ になる．

　並進運動ではすべての原子核が同じ方向に同じだけ動
く．すなわち，分子は向きと形は変えずに空間内を移動
していく．その移動は三次元で自由なので，並進の運動
の自由度は 3 である．

　分子が位置や形を変えずに，空間内での向きを変える
運動を**回転**という．これも，三軸の周りで自由に回転で
きるのでその運動の自由度は 3 である．ただし，直線分
子についてはその軸の周りの回転運動はないので，自由
度は 2 になる．

　結合の長さと角度が変化して分子の形が変わる運動を**振
動**という．その運動の自由度の数は，並進と回転を除い
た $3N - 6$（直線分子では $3N - 5$）になる（表 **3.1**）．た
とえば，水分子 H_2O では振動の自由度は 3 である．

表 **3.1**　直線分子と非直線分子の運動の自由度

	直線分子	非直線分子
並進	3	3
回転	2	3
振動	$3N - 5$	$3N - 6$

伸縮振動，変角振動，内部回転　分子を構成する原子はそれぞれが三次元方向に運動するので，結果として結合の長さ，結合角，立体構造が変化する．しかし，分子全体として原子核の動きに規則性があり，それぞれの分子に固有の周期運動を繰り返していると考えられ，これを**分子振動**とよんでいる．振動の自由度の数だけ振動の種類があり，これを**振動モード**といって，主に次の三つに分類される．二原子分子では，伸縮振動モードが一つあるだけである（図 **3.1**）．

① **伸縮振動**　結合の長さが変化する原子核の運動である．そのエネルギーは比較的大きく，H_2 分子では $4150\,cm^{-1}$ であるが，原子が重くなるにつれてエネルギーは小さくなり，CO 分子では $2150\,cm^{-1}$ である．伸縮振動モードは分子がもつ結合の数だけ存在する．

② **変角振動**　結合角が変化する原子核の運動である．そのエネルギーは結合や分子によって大きく異なり，それぞれの分子に特徴的であるが，伸縮振動モードに比べるとやや小さく，およそ $500 \sim 1800\,cm^{-1}$ である．

③ **内部回転**　CH_3 基のように，対称性の高い官能基が結合軸の周りに回転する運動であり，これも分子の振動の一つであるが，回転に対する障壁があって分子によっては完全には回転できないものもある．一般にそのエネルギーは伸縮振動モードに比べるとかなり小さく，$300\,cm^{-1}$ 以下である．

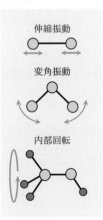

図 **3.1**
分子の振動モード

分子の回転 分子はその重心の周りにくるくる回っていると考えられる．図 3.2 は二原子分子の回転を示したものである．気体の分子では周りに邪魔をするものがなく，分子は自由に回転することができる．この図と垂直な軸の回転については，運動のようすもエネ

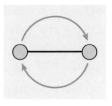

図 3.2
二原子分子の回転

ルギーも同じであり，結合軸周りの回転はない．したがって，回転エネルギー準位は一軸周りの運動だけで表される．そのエネルギーや速さについては 3.5 節で詳しく解説するが，たとえば H_2 分子ではそのエネルギーは波数単位で $60\,\mathrm{cm}^{-1}$，回転数は 1 秒間に 2 兆回程度である．原子核は重心を中心に円運動するので，これによって回転角運動量 $\boldsymbol{R}$ が生じるが，これは分子軸に常に垂直である．

　多原子分子の回転は少し複雑になる．図 3.3 は水分子の回転を描いたものであるが，分子軸 (x, y, z) の周りの三種類の回転があり，それぞれの運動は独立でエネルギーも異なる．z 軸周りの回転では O 原子は動かず，二つの H 原子がプロペラ回転する．x 軸周りの回転は縄跳び，y 軸周りの回転はブーメラン，というような回転である．

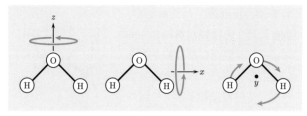

図 3.3 　H_2O 分子の三軸周りの回転

例題 1 アセチレン，エチレンおよびベンゼン分子の振動の自由度はいくつか．

解 アセチレン（H–C≡C–H）は四原子の直線分子で，その振動の自由度は

$$3N - 5 = 12 - 5 = 7$$

になる．

エチレン（$H_2C=CH_2$）は六原子の非直線分子でその振動の自由度は

$$3N - 6 = 18 - 6 = 12$$

になる．

ベンゼン（C_6H_6）は十二原子の非直線分子でその振動の自由度は

$$3N - 6 = 36 - 6 = 30$$

になる．

補足 **C–H 伸縮振動モードの数** C–H 伸縮振動モードは，炭化水素が主である有機分子に特徴的で，分析のための赤外吸収スペクトルの解析にとても重要である．伸縮振動モードは化学結合の数だけあるので，C–H 伸縮振動モードの数は，アセチレンでは 2，エチレンでは 4，ベンゼンでは 6 になる．これら三つの分子で共通しているのは，すべての C–H 伸縮が等価（結合の形や強さが同じ）であるということであるが，赤外吸収スペクトルには，アセチレンを除いて C–H 伸縮振動に由来するスペクトルバンドが複数観測される．これは，すべての C–H 結合の伸縮振動運動が組み合わさってできた基準振動モードによるものであり，分子のもつ対称性によって，伸縮振動運動の組合せが異なる．その結果，赤外吸収スペクトルが分子固有のものとなり，分子の認識と分析に重要な役割を果たしている．

3.2　二原子分子の振動
―調和振動子モデル―

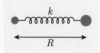

図 3.4　二原子分子

分子振動とバネ　　原子が二つ結合して二原子分子がで
きる．その化学結合の強さは分子によって異なるが，こ
れはある強さをもったバネであると考えることができる
（図 **3.4**）．二つの原子の間の距離は絶えず周期的に変わっ
ていて，これをバネの単振動と同じように取り扱う．伸
び縮みしたバネが元に戻ろうとする力を**復元力**といい，
これを

$$F(x) = -kx \qquad (3.1)$$

で表す．ここで，x はバネの伸びた長さを表す．k はバ
ネ**定数**あるいは**力の定数**とよばれ，この式は復元力がバ
ネの伸び縮みに比例することを示している．ポテンシャ
ルエネルギーはこれを積分して

$$U(x) = \frac{1}{2}kx^2 \qquad (3.2)$$

となり，これを示したのが図 **3.5** である．しかし本来の
二原子分子はこれとは少し異なる．原子間の距離を R と
し，バネが伸びても縮んでもいないときの距離を**平衡核
間距離** R_e とする．R が 0 に近づくと ＋ の電荷をもった
原子核どうしの反発で，エネルギーは無限大になってい
くが，R が R_e よりはるかに大きいところでは二つの原子
のエネルギーの和になり有限の値をとる．これは $x \to \infty$
で $U \to \infty$ になる (3.2) 式とは違う（図 **3.6**）．

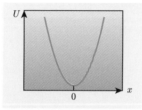

図 **3.5**　バネの
ポテンシャルエネルギー

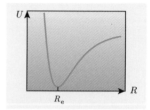

図 **3.6**　二原子分子の
ポテンシャルエネルギー

[補足] **古典的なバネ** 質量が m_A, m_B の二つの質点をバネで
つなぐと二原子分子のモデルに
なるが，このとき振動が起こっ
ても重心の位置は変わらないの
でそこを中心とした二つのバネ
を考える．これをさらに変換す
ると質量

$$\mu = \frac{m_A m_B}{m_A + m_B}$$

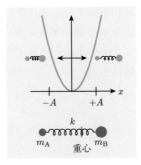

図 **3.7** 古典的なバネ

をもった一つの質点の方程式に
することができる．これを**換算質量**という．(3.1) 式を用いると
運動方程式は

$$-kx = \mu \frac{d^2 x}{dt^2} \tag{3.3}$$

となり，これを解くと

$$x = A \sin(2\pi\nu t) \tag{3.4}$$

がえられる．ここで，ν は振動数である．このようにバネの長
さは周期的に変わり $x = -A$ から $x = +A$ までを単振動する
（図 **3.7**）．

例題2 二原子分子の振動の振動数を k と μ で表せ．

解 (3.4) 式を時間 t で二回微分すると

$$\frac{d^2 x}{dt^2} = -(2\pi\nu)^2 x$$

となる．これを (3.3) 式に代入すると

$$-\mu (2\pi\nu)^2 x = -kx$$

がえられ，振動数は

$$\nu = \frac{1}{2\pi} \sqrt{\frac{k}{\mu}}$$

と求められる．

換算質量
(reduced mass)

$$\mu = \frac{m_A m_B}{m_A + m_B}$$

二原子分子の振動数

$$\nu = \frac{1}{2\pi} \sqrt{\frac{k}{\mu}}$$

調和振動子のエネルギー準位 量子力学で二原子分子の振動を取り扱うには，(3.2) 式のポテンシャルエネルギーを使って，一次元のシュレーディンガー方程式を解けばよい．

$$\left(-\frac{\hbar^2}{2\mu}\frac{d^2}{dx^2} + \frac{1}{2}kx^2\right)\chi(x) = E_v\chi(x) \qquad (3.5)$$

この方程式を解くのは難しいのでここでは詳しくは示さないが，次に示すような厳密な解をえることができる．

まず，エネルギー固有値は

$$E_v = h\nu_0\left(v + \frac{1}{2}\right) \qquad v = 0, 1, 2, \dots \qquad (3.6)$$

で与えられる．v は**振動量子数**で 0 から始まる非負の整数である．ν_0 は分子に固有の振動数で

$$\nu_0 = \frac{1}{2\pi}\sqrt{\frac{k}{\mu}} \qquad (3.7)$$

で与えられる．図 **3.8** に示すように，このエネルギー準位はハシゴ段のようになり，その間隔は $h\nu_0$ で一定である．これは，あたかも振動の量子数が一個ずつ増えるとハシゴを一段ずつ登るようで，**調和振動子**とよばれる．振動のエネルギーを扱うときには波数（cm^{-1}）の単位がよく用いられる．(3.6) 式のエネルギーを波数に直したものを**振動の項値**といい

$$G(v) = \omega_e\left(v + \frac{1}{2}\right) \qquad (3.8)$$

と表す．この ω_e は**固有振動数**とよばれ

$$\omega_e = \frac{1}{2\pi c}\sqrt{\frac{k}{\mu}} \qquad (3.9)$$

となる．質量が小さく結合の強い分子ほど振動エネルギーは大きくなる．

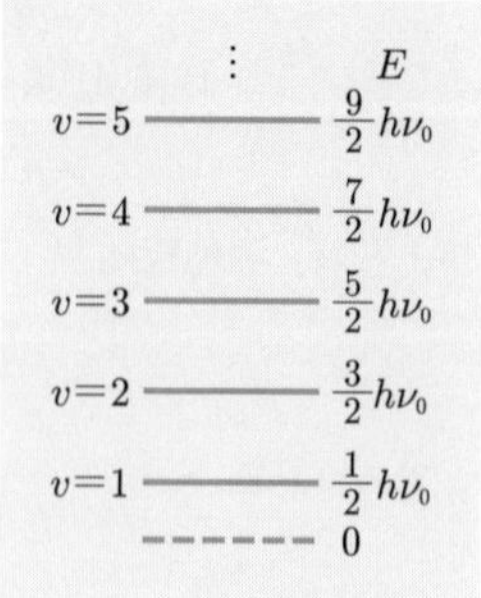

振動の波動関数
(wavefunction)
$\chi(x)$
分子振動の波動関数を，$\chi(x)$（カイ）で表す．

振動の項値 $[cm^{-1}]$
(term value)
$G(v) = \omega_e\left(v + \frac{1}{2}\right)$

調和振動子の固有振動数 $[cm^{-1}]$
$\omega_e = \frac{1}{2\pi c}\sqrt{\frac{k}{\mu}}$

図 **3.8** 調和振動子のエネルギー準位

調和振動子の固有関数と存在確率　調和振動子のシュレーディンガー方程式 (3.5) を解くと，エネルギー固有値とともにそれぞれの準位の固有関数

$$\chi_v(x) = N_v H_v\left(\sqrt{\beta}\,x\right)e^{-\frac{1}{2}(\sqrt{\beta}\,x)^2} \qquad (3.10)$$

がえられる．ここで，$\beta = \frac{2\pi}{h}\sqrt{\mu k}$，$N_v$ は振動量子数 v の準位での規格化定数である．$H_v(x)$ は**エルミート**（Hermite）**多項式**とよばれ，その実際の関数の形は表 **3.2** にまとめてある．$\chi_0(x)$ は $x = 0$ で最大値 1 をとり，x の絶対値が大きいと 0 に収束する．固有関数はこれら二つの関数の積であり，$v = 0, 1, 2, 3$ に対する固有関数とその二乗すなわち存在確率を図 **3.9** に示してある．

　最も安定な $v = 0$ の準位では，エルミート多項式は定数であり，固有関数は指数関数だけになってつりがね型をしている（ガウス関数）．したがって，$\chi_0(x)$ も $\chi_0{}^2(x)$ も，$x = 0$ で最大値をとる．つまり，結合が伸びても縮んでもいない分子が最も多いことになる．しかし，この固有関数は 0 になるところが一ヵ所もない．これは，分子の長さはどのような値でもよいということを示している．もちろん伸びたり縮んだりしている分子の確率は小さいけれど，瞬間的にはどの長さにあってもよい．$v = 1$ のエルミート多項式は原点を通る直線で，指数関数をかけると両端で 0 に収束するような形になる．ただし，この準位では $x = 0$ で存在確率が 0 になり，$v = 0$ とは逆に伸びても縮んでもいない分子は全くいないことになる．

プログラミング演習 3-A
$v = 10$ の波動関数は

$$\chi_{10}(x)$$
$$\doteqdot e^{-\frac{x^2}{2}} \times$$
$$(1024x^{10}$$
$$- 23040x^8$$
$$+ 161280x^6$$
$$- 403200x^4$$
$$+ 302400x^2$$
$$- 30240)$$

で表される．このグラフを描いてみよう．

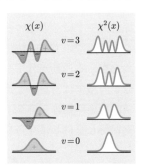

$\chi(x)$　　$\chi^2(x)$

$v=3$

$v=2$

$v=1$

$v=0$

図 3.9　調和振動子の固有関数と存在確率

3.3　多原子分子の振動モード

振動モードの多様性と対称性　二原子分子の振動モードは，結合長が変わる伸縮振動一つしかない．等核二原子分子では原子核の運動が左右で同じであって，伸縮振動で分子全体のバランスが変化することはなく，赤外光を吸収することができない．これに対して，三つ以上の原子からなる多原子分子では複数の振動モードが考えられ，それぞれの特徴が分子の性質に深く関わっている．N 個の原子からなる分子の振動モードの数は $3N-6$（直線分子では $3N-5$）である．図 **3.10** は，メタノール（CH_3OH）分子の振動モードのいくつかを示したものである．CH_3OH は六原子分子であり，振動モードの数は 12，そのうち伸縮振動モードは結合の数と同じ 5，変角振動モードは 6，さらに CH_3 内部回転モードもある．これらの振動エネルギーは，赤外吸収スペクトルから決めることができるが，およそ伸縮振動は $\sim 3500\,cm^{-1}$，変角振動は $\sim 1000\,cm^{-1}$，内部回転は $\sim 100\,cm^{-1}$ 程度である．

　CH_3 基は三回対称で，三つの C–H 結合は同等である．振動モードはその三つが対称的に組み合わされたものとなり，三つの C–H 結合が対称性を保って結合長，結合角を変える運動が分子全体の振動モードとなる．多原子分子の振動は古典的な連成バネで考えることができ，定常的な周期運動を継続するためには，分子全体の対称性を保持しなければならない．

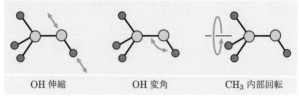

OH 伸縮　　　　　OH 変角　　　　　CH_3 内部回転

図 **3.10**　CH_3OH の振動モード

基準振動モードと基準座標　　多原子分子の振動モード
を考えるのに，すべての原子核の運動を，対称性を考慮
した調和振動子で展開する方法があり，これを**基準振動**
という．基準振動のモードの数は振動の自由度と同じで
$3N-6$（直線分子では $3N-5$）である．

　図 **3.11** は，非直線三原子分子である水分子（H_2O）の
基準振動モードを示したものである．水分子の基準振動
モードの数は 3 で，二つの O-H 伸縮は同等に組み合わ
されて，**対称伸縮**（ν_1）と**逆対称伸縮**（ν_3）になる．ν_3 は
二つの O-H 伸縮運動で位相が逆転しているだけで，分
子の左右の対称性は保持されている．ν_2 は二つの O-H
結合の角度が変わる振動で，**変角振動**とよばれる．

　図 **3.11** に示されている矢印は，それぞれの基準振動
モードで原子が分子の重心を基点にどのように変化する
かを示したもので，これを**基準座標**という．古典的な連
成バネと同じように，軽い原子は大きく，重い原子は小
さく変位し，分子全体として対称性を保っている．また，
図 **3.11** に示されている波数は，気体の H_2O 分子で測定
される赤外吸収スペクトルの遷移波数から決められた振
動エネルギーである．

**基準振動モードの
番号**
多原子分子の基準
振動モードには，対
称性を考慮して番
号をつける．

$\nu_i \quad i = 1, 2, \ldots,$
$\qquad\qquad 3N-6$

ν : ニュー

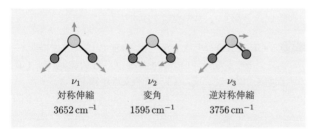

図 **3.11**　H_2O の基準振動モードと基準座標

エチレン分子の基準振動モード　　エチレン分子（$H_2C=CH_2$）は平面の六原子分子であり，基準振動モードの数は伸縮振動が五つ，変角振動が七つある．変角振動は分子面内の対称，逆対称モードが合わせて四つ，分子面外のモードが三つあり，そのうちの一つが逆方向に回転するねじれ振動である．図 3.12 に，赤外吸収スペクトルで観測される五つの基準振動モードと基準座標を示してある．

プログラミング
演習 3-B
図 3.12 のエチレン分子の基準振動モードの動画を作ってみよう．

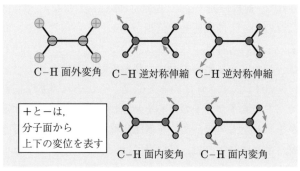

図 3.12　赤外吸収スペクトルで観測されるエチレン（$H_2C=CH_2$）の基準振動モードと基準座標

例題 3　　アセトアルデヒド（CH_3CHO）の代表的な基準振動を三つ挙げて，基準座標を図示せよ．

解　　CH_3CHO は七原子分子で，全部で 15 の基準振動モードがある．そのうち，$C=O$ の伸縮振動，$C-H$ の変角振動，CH_3 の内部回転について，図 3.13 にその基準座標を示す．

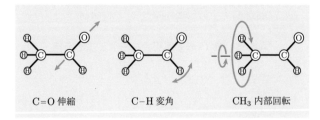

図 3.13　アセトアルデヒド（CH_3CHO）の基準振動モードと基準座標

補足） **H_2O と CO_2**　　H_2O と CO_2 は同じ左右対称の三原子分子であるが，H_2O は曲がっていて二等辺三角形であるのに対し，CO_2 は直線分子であり，その対称性や振動，回転のエネルギー準位のようすは違っていて，分子の特性もかなり異なる．

直線分子では，分子軸周りの回転はなくなるので，振動モードの数は $3N-5$ になる．したがって，水では三つあった振動モードが CO_2 では四つになる．それを示したのが図 **3.14** であるが，CO_2 の変角振動には垂直な二方向の変角モードが縮退しており，エネルギーは全く等しい．H_2O と CO_2 で，三種類の振動があるということに変わりはない．CO_2 の対称伸縮の振動モードは赤外吸収をすることができない．

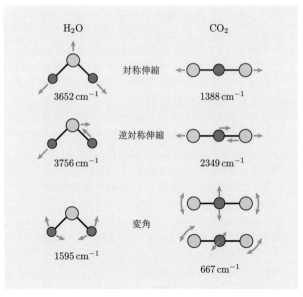

図 **3.14**　H_2O と CO_2 の基準振動モードと基準座標

コラム　**CO_2 の赤外線吸収と地球温暖化**　分子による赤外線吸収は，分子の振動によって起こる．CO_2 分子は，通常の温度ではすべての基準振動モードの $v = 0$ の準位（**振動基底状態**）にあり，赤外線を吸収して一つの振動モードの $v = 1$ の準位に励起され，エネルギーの高い状態になる．物質のもつエネルギーの尺度が温度であるが，量子化学での温度は，それぞれの振動準位にある分子の数によって規定される．熱平衡にある物質ではボルツマン分布が成り立っていて，分子の数はエネルギーが高くなる（振動量子数が大きくなる）につれて指数関数的に減少する．物質の温度が高くなると，エネルギーが高くなるときの減少の割合が小さくなり，高いエネルギー準位の分子の数が相対的に多くなる．

　大気中の CO_2 分子は，太陽光に含まれる赤外線を吸収して励起される．さて，大気中の CO_2 の割合は 400 ppm とわずかである．大気の主成分は O_2 と N_2 であるが，両方とも等核二原子分子であり，赤外線を全く吸収しない．太陽光の赤外線でエネルギーを受け取るのは CO_2 だけであるが（水蒸気 H_2O も赤外線を吸収する），空気中のすべての分子はおよそ毎秒 400 m の速度で並進運動していて，1 秒間に 10 億回ほど衝突している．統計熱力学で学ぶ「エントロピー増大の法則」によって，エネルギーは温度の高い方から低い方へ移るので，太陽からの赤外線を吸収して振動励起された CO_2 分子は，振動基底状態にある O_2 と N_2 分子と衝突してエネルギーを渡し，$v = 0$ の準位に戻る．太陽光は常時降り注いでいるので，衝突で冷却された CO_2 分子は再び赤外線を吸収して励起され，再び O_2 と N_2 分子にエネルギーを渡す．このプロセスが繰り返され，わずか 0.04 ％ の CO_2 分子だけでも，有効に大気全体の温度が上昇する．これが**地球温暖化**のメカニズムである．

　本書では化学反応については触れていないが，CO_2 分子はとても安定でエネルギー（生成エンタルピー）は小さく，これを C と O_2 に分解するのには大きなエネルギーが必要になる．

$$CO_2 \rightarrow C + O_2 \qquad \Delta H = +394\,[\mathrm{kJ\,mol^{-1}}]$$

このエネルギーを太陽光エネルギーで賄えれば地球環境問題は解決するのだが，現状では難しく，ほとんどを化石燃料に頼っている．さらに研究を進めることが大事ではあるのだが，まずは CO_2 の排出を可能な限り少なくするのが最善策であることには間違いない．ただ，それだから大気中の CO_2 をなくしてしまえばよいかというと，そうではない．CO_2 がないと，地球の表面からの熱放射によって冷却が進んで生命に適した温度を保てなくなる．また，CO_2 を生命の源としているのが植物であり，次の反応で O_2 と栄養素を作り出している．

$$6\,CO_2 + 6\,H_2O \rightarrow C_6H_{12}O_6 + 6\,O_2$$

$$\Delta H = +2808\,[\mathrm{kJ\,mol^{-1}}]$$

この反応を起こすのはとても難しいが，植物がもつ葉緑素は極めて複雑な反応機構によって，太陽光エネルギーを巧みに利用して光合成を行っている．いまのところ人工的にこれを再現することはできていない．

　CO_2 分子の対称伸縮振動モードを示しながら，これが地球温暖化の要因ですと主張しているのを見たことがあるが，量子化学を学ぶとこれが誤りであることはすぐわかる．分子の対称性と赤外吸収の選択則については詳しく説明はしていないが，赤外線を吸収するのは，図 3.15 に示した逆対称伸縮振動と変角振動モードだけである．

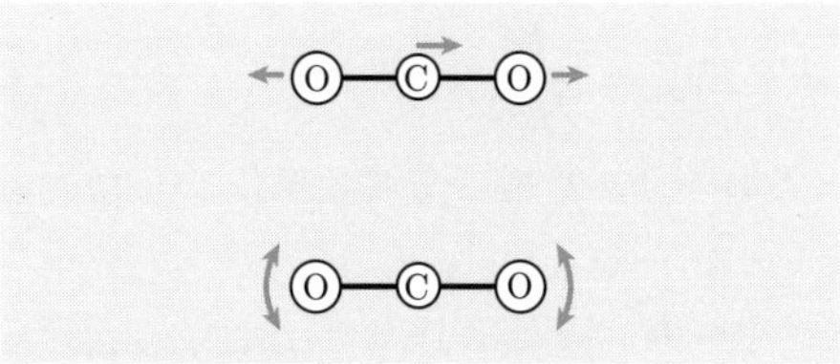

図 3.15　CO_2 の逆対称伸縮と変角モード

3.4 二原子分子の回転
―剛体回転子モデル―

剛体回転子モデル　　二原子分子の振動では化学結合をバネと考え，その伸び縮みを調和振動子モデルで解いた．回転の場合には化学結合の長さはほとんど変わらないので，これを一定と考えて二原子分子の自由回転（図

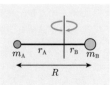

図 **3.16**
二原子分子の回転

3.16）を取り扱ってみよう（**剛体回転子**）．分子の回転運動に対するポテンシャルエネルギーは 0 であり，回転のエネルギーは二つの原子の運動エネルギーだけになって

$$E_{\text{rot}} = \frac{1}{2}I\omega^2 = \frac{\boldsymbol{J}^2}{2I} \qquad (3.11)$$

で表される．I は**慣性モーメント**で $I = \mu R^2$，$\mu = \frac{m_{\text{A}}m_{\text{B}}}{m_{\text{A}}+m_{\text{B}}}$ は**換算質量**である．また，

$$\boldsymbol{J} = I\boldsymbol{\omega}$$

は**回転の角運動量**であり，その二乗の固有値は $J(J+1)\hbar^2$ で与えられるので，回転エネルギーは

$$E_{\text{rot}} = \frac{\hbar^2}{2\mu R^2}J(J+1) \qquad (3.12)$$

になる．これを hc で割って波数単位にしたものを**回転の項値**といい，

$$F(J) = \frac{h}{8\pi^2 c\mu R^2}J(J+1) = BJ(J+1) \quad (3.13)$$

で表される．ここで，

$$B = \frac{h}{8\pi^2 c\mu R^2} \qquad (3.14)$$

を**回転定数**という．

回転の項値 [cm^{-1}]
(term value)

$F(J) = BJ(J+1)$

回転定数 [cm^{-1}]
(rotational constant)

$B = \dfrac{h}{8\pi^2 c\mu R^2}$

補足 **二原子分子の回転エネルギー** 二つの原子の運動エネルギーを合わせたものが，分子の回転エネルギーになる．二つの原子は重心を中心に円運動し（図 **3.17**），その運動エネルギーは

$$\frac{1}{2}m_i v_i^2 = \frac{1}{2}m_i (r_i \omega)^2$$

になる．ここで，r_i は回転半径，ω は角速度である．したがって，二原子分子の回転エネルギーは

$$E_{\rm rot} = \frac{1}{2}m_A (r_A \omega)^2 + \frac{1}{2}m_B (r_B \omega)^2$$
$$= \frac{1}{2}(m_A r_A{}^2 + m_B r_B{}^2)\omega^2 = \frac{1}{2}I\omega^2$$

で表される．ここに含まれる質量と回転半径の二乗の積を足したものを**慣性モーメント**という．

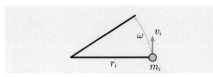

図 **3.17** 原子の円運動

慣性モーメント
$[\mathrm{kg\,m^2}]$
(moment of inertia)

$$I = m_A r_A{}^2$$
$$+ m_B r_B{}^2$$
$$= \mu R^2$$

重心の位置に対してはてこの原理

$$m_A r_A = m_B r_B$$

が成り立つので，

$$r_A = R\frac{m_B}{m_A + m_B}, \quad r_B = R\frac{m_A}{m_A + m_B}$$

である．したがって，

$$I = \frac{m_A m_B{}^2 + m_B m_A{}^2}{(m_A + m_B)^2}R^2$$
$$= \frac{m_A m_B}{m_A + m_B}R^2 = \mu R^2 \tag{3.15}$$

となる．

この換算質量を用いると，二原子分子の回転があたかも半径 R で回転している質量 μ の粒子の回転という一体問題の方程式と同じになる．これは振動の場合も同じであって，化学結合の強さを表す固有振動数も

$$\omega_{\rm e} = \frac{1}{2\pi c}\sqrt{\frac{k}{\mu}} \tag{3.16}$$

と表されるが，これは質量 μ の粒子がバネで振動しているのと同じ方程式になる．

回転定数から分子の長さがわかる　　二原子分子の回転

定数には慣性モーメント

$$I = \mu R^2$$

が含まれる．μ は原子によって決まっているから，回転
定数は分子の長さ R に依存する．したがって，何らかの
方法でエネルギー準位の間隔を測定してやれば，分子の
長さ（結合長）R を実験的に決めることができる．

　二原子分子の**回転定数**は (3.14) 式

$$B = \frac{h}{8\pi^2 c \mu R^2}$$

で与えられる．したがって，分子の長さ R は

$$R = \sqrt{\frac{h}{8\pi^2 c \mu B}} \qquad (3.17)$$

で求めることができる．

　図 3.18 は回転エネルギー準位を示したものであるが，回
転エネルギー準位の間隔は，回転量子数 J が大きくなるに
つれて広がっていく．したがって，光（電磁波）を使って回
転準位の間のスペクトル線を
観測し，その遷移波数を測定
してやれば回転定数 B が求
まる．これを (3.17) 式に代入
してやると分子の長さを実験
的に決定することができる．

　もちろん分子は振動してい
て分子の長さは常に変化して
おり，ここで決められるのは
平均の分子の長さ R_0 である．

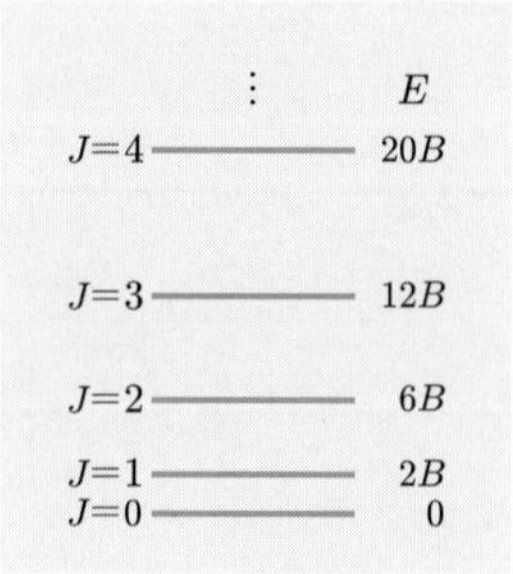

	E
$\vdots$	
$J=4$ ———	$20B$
$J=3$ ———	$12B$
$J=2$ ———	$6B$
$J=1$ ———	$2B$
$J=0$ ———	0

図 3.18　二原子分子の回
転エネルギー準位

[参考] **分子の回転の速さはどれくらいか** 剛体回転子モデルでは，分子の**回転数** ν_{rot} は

$$\nu_{\mathrm{rot}} = \frac{\omega}{2\pi} = \frac{\sqrt{J(J+1)}\,\hbar}{2\pi I}$$
$$= 2cB\sqrt{J(J+1)} \tag{3.18}$$

で与えられる．

[例題 4] H_2 分子（$B = 60\,[\mathrm{cm}^{-1}]$）の $J = 1$ の準位では分子の回転数はいくらか．

[解] 分子の回転数は (3.18) 式で与えられる．これに，$B = 60\,[\mathrm{cm}^{-1}]$, $J = 1$ を代入すると

$$\nu_{\mathrm{rot}} = 2 \times 3 \times 10^8\,[\mathrm{m\,s}^{-1}] \times 60 \times 10^2\,[\mathrm{m}^{-1}] \times \sqrt{2}$$
$$= 5.1 \times 10^{12}\,[\mathrm{s}^{-1}]$$

となり，H_2 分子は毎秒 5.1×10^{12} 回（5 兆回）回転していると考えられる．

[参考] **分子の振動の速さはどれくらいか** 調和振動子モデルでは，分子の**振動数**は

$$\nu_{\mathrm{vib}} = \frac{1}{2\pi}\sqrt{\frac{k}{\mu}} = c\omega_{\mathrm{e}} \tag{3.19}$$

で与えられる．振動数は量子数 v に依存しない．一般に，振動は回転よりもはるかに速い．

[例題 5] H_2 分子の ω_{e} は $4400\,\mathrm{cm}^{-1}$ である．分子は毎秒何回振動しているか．

[解] 分子の振動数は (3.19) 式で与えられる．これに，$\omega_{\mathrm{e}} = 4400\,[\mathrm{cm}^{-1}]$ を代入すると

$$\nu_{\mathrm{vib}} = 3 \times 10^8\,[\mathrm{m\,s}^{-1}] \times 4400 \times 10^2\,[\mathrm{m}^{-1}]$$
$$= 1.3 \times 10^{14}\,[\mathrm{s}^{-1}]$$

となり，毎秒 1.3×10^{14} 回（130 兆回）振動していると考えられる．

3.5 多原子分子の回転エネルギー準位

回転の三つの軸　多原子分子の回転は，分子に固定した直交座標の三つの軸の周りでそれぞれ異なる．非直線分子ではその三軸周りのエネルギーが違う（図 3.19）．ある軸周りの剛体回転子のエネルギーは (3.11) 式に示されているように，$\frac{J^2}{2I}$ で与えられる．多原子分子の三軸周りの回転はすべて独立であるから，全体としては

$$E_{\mathrm{rot}} = \frac{J_x{}^2}{2I_x} + \frac{J_y{}^2}{2I_y} + \frac{J_z{}^2}{2I_z} \tag{3.20}$$

になる．ここで，I_x, I_y, I_z はそれぞれの軸周りの慣性モーメントである．これを波数単位で次のように表す．

$$F(J_a, J_b, J_c) = AJ_a{}^2 + BJ_b{}^2 + CJ_c{}^2 \tag{3.21}$$

ここで，A, B, C は三軸周りの回転定数であり，つねに $A \geq B \geq C$ となるように a, b, c 軸を定める．少し複雑ではあるが，手順としてはまず x, y, z 軸周りの慣性モーメントを計算し，それが小さい順に a, b, c を定める．その後，回転定数 A, B, C を

$$
\begin{aligned}
A &= \frac{h}{8\pi^2 c I_a} \\
B &= \frac{h}{8\pi^2 c I_b} \\
C &= \frac{h}{8\pi^2 c I_c}
\end{aligned}
\tag{3.22}
$$

で求める．

　直線分子の場合は分子軸周りの回転はない．またそれに垂直な二軸周りの回転はエネルギーが同じになるので，二原子分子のように一つの回転定数 B だけで回転エネルギーが与えられる．

非直線分子

直線分子

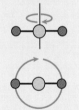
図 3.19　多原子分子の回転

[補足]　**慣性モーメント**　分子がある軸 (a) 周りに回転すると，それぞれの原子は円運動をする．回転する原子の質量を m_i，回転半径を r_{ia} としたとき（図 3.20）

$$I_{ia} = m_i r_{ia}{}^2$$

を a 軸周りの**慣性モーメント**という．

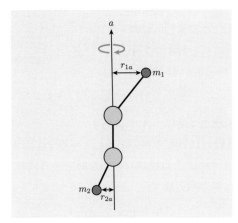

図 3.20　多原子分子の慣性モーメント

分子全体ではすべての原子の和をとって

$$I_a = \sum_i m_i r_{ia}{}^2 \tag{3.23}$$

になる．これが分子全体の慣性モーメントであるが，多原子分子では回転軸によってその値が違ってくる．二原子分子の回転エネルギーを計算するときには，慣性モーメント I を次のように定義した．

$$I = m_A r_A{}^2 + m_B r_B{}^2$$

多原子分子でも，すべての原子についてその和をとってやれば分子の慣性モーメントがえられる．たとえば，a 軸周りの慣性モーメントは

$$I_a = \sum_i m_i r_{ia}{}^2 \tag{3.24}$$

で与えられる．i はそれぞれの原子を表し，m_i はその質量，r_{ia} は i 番目の原子の a 軸周りの回転半径を表す．

対称コマ分子　　多原子分子の回転は三軸周りで慣性モーメントが異なり，(3.21) 式でエネルギーが与えられる．しかし，分子によってはその三つの回転定数のうち二つが等しいものもある．これを**対称コマ分子**といい，図 **3.21** に示したような二つの種類がある．

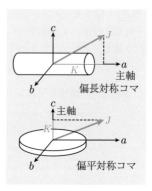

図 **3.21**　対称コマ分子

対称コマ分子
(symmetric-top)

偏長対称コマ分子
(prolate symmetric-top)

$A > B = C$

偏平対称コマ分子
(oblate symmetric-top)

$A = B > C$

①**偏長対称コマ分子**：$A > B = C$

　a 軸周りに対称で長い円筒のような分子である．回転の角運動量 $\boldsymbol{J}$ は準位によって特定の方向を向くが，その a 軸方向の成分を

$$K = 0, 1, 2, \ldots, J$$

という量子数で表す．偏長対称コマ分子の回転エネルギーは

$$E_{\mathrm{pro}} = BJ(J+1) + (A-B)K^2 \qquad (3.25)$$

で与えられる．

②**偏平対称コマ分子**：$A = B > C$

　c 軸周りに対称で円盤のような分子である．このときの K は c 軸方向の成分である．偏平対称コマ分子の回転エネルギーは

$$E_{\mathrm{obl}} = BJ(J+1) + (C-B)K^2 \qquad (3.26)$$

で与えられる．

これらのエネルギー準位を示したのが図 **3.22** である．

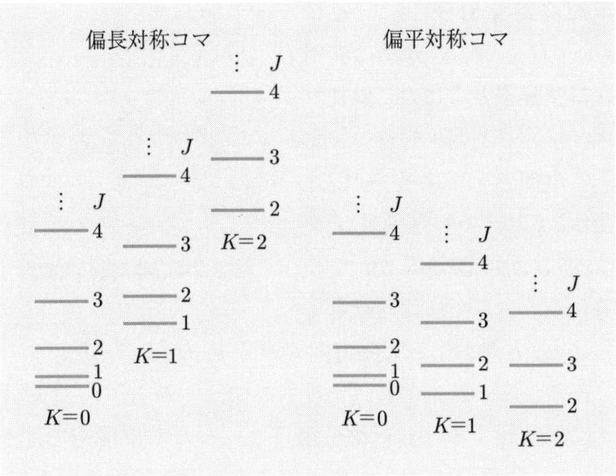

偏長対称コマ　　　　　　偏平対称コマ

図 **3.22**　対称コマ分子のエネルギー準位

例題6　H_2O 分子の結合距離 $R(O-H) = 0.09 \,[\text{nm}]$,
結合角 $\angle HOH = 104°$ とすると、二回回転軸（b 軸）周り
の慣性モーメントと回転定数はいくらになるか.

解　H_2O 分子を二回回転軸周りに
回転させると二つの H 原子だけが回る
（図 **3.23**）. そのときの回転半径は

$$r_b = 0.09 \times \sin 52° = 0.071 \,[\text{nm}]$$

また、H 原子の質量は

$$m_H = 1.7 \times 10^{-27} \,[\text{kg}]$$

したがって慣性モーメントは

$$I_b = 2m_H r_b{}^2$$
$$= 2 \times 1.7 \times 10^{-27} \times (0.071 \times 10^{-9})^2$$
$$= 1.7 \times 10^{-47} \,[\text{kg m}^2]$$

になる. 回転定数 B は次のようになる.

$$B = \frac{h}{8\pi^2 c I_b}$$

$$= \frac{6.6 \times 10^{-34}}{8 \times (3.14)^2 \times 3 \times 10^8 \times 1.7 \times 10^{-47}} = 16 \,[\text{cm}^{-1}]$$

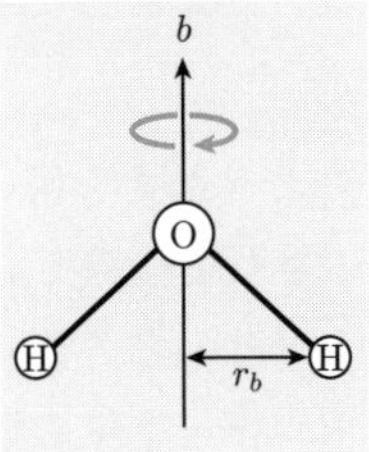

図 **3.23**
H_2O の b 軸回転

プログラミング
演習 3-C
H_2O 分子の回転
定数の実験値は

$A = 27.8 \,\text{cm}^{-1}$,
$B = 14.5 \,\text{cm}^{-1}$,
$C = 9.29 \,\text{cm}^{-1}$

である. これから、
$O-H$ の結合角と
結合長を求めるプ
ログラムを作って
みよう. ただし、a
軸は H 原子と H
原子を結んだ軸の
方向、c 軸は分子面
に垂直な方向であ
る. 回転半径は重
心を通る軸からの
原子の距離になる.

非対称コマ分子　　一般に $A > B > C$ の分子は**非対称コマ分子**とよばれ，偏長対称コマ分子と偏平対称コマ分子の中間として考えられる．図 3.24 にその角運動量 J を模式的に示してあるが，この場合のエネルギーは回転量子

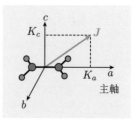

図 3.24　非対称コマ分子

数 J と，a 軸および c 軸方向の成分 K_a および K_c によって表される．基本的には，対称コマ分子の K の二重縮退準位が分裂する（**非対称分裂**）といった準位構造で理解できるが，準位のエネルギーの厳密な計算は難しいので，実際には適当な近似を使って数値的に求める．いくつか簡便な表現が提唱されていて，偏長対称コマ分子に近いときには，たとえば

$$E_{\mathrm{asym}} = \frac{1}{2}(B + C)J(J + 1) + \left\{ A - \frac{1}{2}(B + C) \right\} W_\tau \tag{3.27}$$

のような式も用いられる．ここで，W_τ は K_a と K_c で表される変数であり，回転定数によって係数が変化する．

　ほとんどの分子は非対称コマ分子であり，その回転エネルギー準位の構造を正確に知ることは重要である．しかしながら，原子数の多い分子では構造を決定するのに必要な結合の長さや結合角の数が多くなり，回転定数から分子構造を決めるのは不可能である．そこで最近は，量子化学理論計算を基に安定な分子構造を推定し，実験的にえられる回転定数の値を比較検討する手法が用いられる．このように，分子構造を正確に決めるためには量子化学の知識が不可欠であり，振動，回転のエネルギー準位を明らかにすることが基本となる．

コラム　**H₂O の回転運動と温度**　分子の回転エネルギーが大きいのも，温度が高いのに対応し，電磁波の吸収で回転量子数の大きい準位の分子数が増加したら，その物質の温度も高くなったと考えることができる．原子核の運動である，並進，振動，回転では，一定の確率でエネルギーのやりとりが起こる．振動でも回転でも分子を高いエネルギー準位に励起できたら，いずれすべての運動の自由度にエネルギーが分配され，高温での熱平衡状態になる．

H₂O の回転エネルギー準位の間の遷移は，電波（マイクロ波）の領域にあり，液体の水の中では H₂O 分子は自由に回転できるわけではないが，分子の方向を変える運動のエネルギー準位間の遷移に対応する吸収帯をマイクロ波領域にもつ．これを利用したのが，マイクロ波オーブン（電子レンジ）である．直方体の金属容器の中央に，水を入れた容器を置き，マイクロ波を照射すると，水がそれを吸収してエネルギーの高い準位へ励起される．吸収されたエネルギーは時間とともに並進や振動へ分配されて，物質としては高温での熱平衡に達する．H₂O 分子と電磁波の相互作用を活用した量子化学的な加熱法であり，用いられるマイクロ波の周波数は 5 ～ 10 GHz で，スマートフォンの通信電波の周波数とほとんど同じである．

従来は，CH₄ を主成分とする天然ガスを燃やし，その反応熱を容器に伝導させて水を加熱していたが，これに比べるとマイクロ波オーブンのエネルギー吸収効率ははるかに高く，しかも CO₂ や有毒ガスを出さない．ただ電気エネルギーを使うので，そこに化石燃料を使用していては何もならない．しかしながら，エネルギー効率は高いので，食品や飲料の加熱だけではなく，最近では化学合成研究にも活用されている．

3.1　二原子分子の振動では重心は動かない. 重心の位置で
バネを分離して二つのバネの復元力の和をとると

$$\mu \frac{d^2}{dt^2} x$$

になることを示せ. ここで, μ は換算質量である.

3.2　原子量が 2 の水素原子は**重水素** $(D = {}^2H)$ とよばれ
る. H_2 分子のバネ定数は $575\,\mathrm{N\,m^{-1}}$ であり, D_2 分子でも
同じであるとして二つの分子の固有振動数 ω_e を求めよ.

3.3　${}^{127}I_2$ 分子の回転定数は $B = 0.037\,[\mathrm{cm^{-1}}]$, 固有振動
数は $\omega_e = 215\,[\mathrm{cm^{-1}}]$ である. これから力の定数 k と結合
長 R を求めよ.

3.4　$H^{35}Cl$ の ω_e は $2991\,\mathrm{cm^{-1}}$, B は $10.59\,\mathrm{cm^{-1}}$ である.
$H^{35}Cl$ と $H^{37}Cl$ で k と R が変わらないとすると, $H^{37}Cl$
の ω_e と B はいくらになるか.

3.5　HOD 分子 $(D = {}^2H,$ 重水素$)$ の基準振動モードと基
準座標を考察せよ.

3.6　SF_6 分子は**球対称コマ分子** $(A = B = C)$ である. そ
の回転定数を結合距離 R と F 原子の質量 m_F で表せ.

3.7　平面の NH_3 分子を考え, 結合長 R, H 原子の質量を
m_H とする. この分子の三軸周りの慣性モーメントを計算
し, 偏平対称コマ分子であることを示せ.

3.8　平面分子では

$$I_a + I_b = I_c$$

が成り立つ. ベンゼンは平面で正六角形である.

$$R_C = R(\mathrm{C\text{–}C}), \quad R_H = R(\mathrm{C\text{–}H})$$

とおき, C 原子と H 原子の質量をそれぞれ m_C, m_H とし
て三軸周りの慣性モーメントを計算し, この式が成り立つ
ことを示せ.

第4章

光 と 分 子

分子のエネルギー準位は，スペクトルを測定することによって，実験的に決めることができる．原子のスペクトルについては第1章で解説した．分子のスペクトルは多様性に富み，見るだけでもとても面白いものであるが，光（電磁波）と分子の相互作用を学んでそれを理解できると，言葉では表せないほどの感動があるし，それと同時にそれぞれの分子の個性を正確に表現できて，化学結合の解明につながる．

電磁波は，その波長領域によって分類されていて，紫外および可視光は主に π 結合の電子，赤外光は分子の振動，マイクロ波は分子の回転のエネルギー準位が関与するスペクトルを示す．ここでは，主に紫外・可視の電子スペクトルと赤外の振動スペクトルに注目して解説する．それぞれに固有の特徴があって，分子スペクトルは量子化学の醍醐味である．

太陽光のスペクトル

地球上で太陽光のスペクトルを観測すると，6000 °C の熱輻射よりも光の強度が小さくなっており，スペクトル（光の強度を波長ごとにグラフにしたもの）には，光強度の減少のピークが見られる．これは，大気中の分子による光の吸収に由来するものであり，たとえば，オゾン（O_3）は 300 nm より短波長の紫外線を吸収する．

光の強度

O_3　H_2O　O_2　H_2O H_2O　H_2O
CO_2　CO_2

200 500　1000　1500　2000
光の波長 nm

4.1 電磁波の吸収と放出

電磁波の種類　　電磁波は，その波長によって呼び方と用途が異なる（図4.1）．われわれが目で見ることができるのは，波長が400 nm ～ 700 nm の領域で，この波長の電磁波を**可視光**（**VIS**）という．いわゆる光である．これより波長が短い領域の電磁波は**紫外光**（**UV**）とよばれ，危険性の程度が異なるので，その中でも 320 nm ～ 400 nm の領域を UV–A, 280 nm ～ 320 nm の領域を UV–B, 280 nm より短い領域を UV–C と分類して使い分けている．それよりさらに波長の短い電磁波が **X 線**，**ガンマ線**である．逆に，可視光より波長の長い電磁波が**赤外光**（**IR**）であり，700 nm ～ 2 μm の領域は**近赤外**，2 μm ～ 100 μm の領域は**中赤外**とよばれていて，物質の分析などで活用されている．さらに波長が長くなって，3 cm（周波数にして 10 GHz）くらいになると**マイクロ波**や**電波**とよばれ，通信などに用いられている．これらの領域では，波長よりも周波数で分類されることが多く，スマートフォンやインターネットの通信では，5 GHz 帯や 10 GHz 帯というように指定されている．

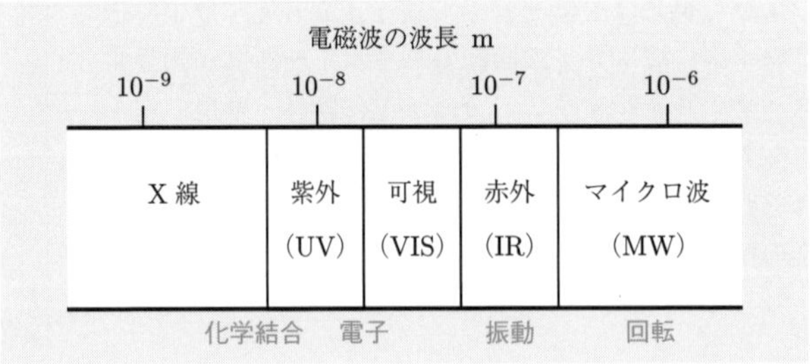

図 4.1　電磁波の波長領域と分子のエネルギー

電磁波の波長領域と分子のエネルギー準位

分子のエネルギー準位には，電子，分子振動，分子回転などがあり，それぞれ周波数やエネルギーの大きさが異なる．電子のエネルギーは比較的大きくて，波数で表すと 20000 〜 40000 cm^{-1} くらいになり，これは紫外・可視の光のエネルギーに対応する．多くの分子でこの領域に光の吸収帯が観測されるが，これは分子の電子状態間の遷移であると考えられる．質量の大きい原子核の運動のエネルギーは電子よりも小さく，そのエネルギー準位間の遷移は赤外およびマイクロ波の領域に観測される．分子の振動エネルギー準位間の遷移は，100 〜 4000 cm^{-1} くらいの中赤外領域に観測される．その吸収波数は分子の構造に依存し，それぞれの分子の個性を反映したものになるので，これを用いて物質の分析ができる．さらに，その吸収強度は分子の密度に比例するので，定量分析の手段としても活用されている．

[補足] **電磁波の波長と周波数** 電磁波の進む速さは，真空中では $3 \times 10^8 \, \mathrm{m \, s^{-1}}$（光速 c）と決まっていて，これを周波数 ν で割ってやると波長 λ が求まる．

$$\lambda = \frac{c}{\nu}$$

光は波であるが，量子化学ではこれを粒子（光子）と考えることが多く，そのエネルギーはプランク–アインシュタインの式で与えられる（第 1 章）．

$$E = h\nu = \frac{hc}{\lambda}$$

これから，光のエネルギーは振動数が高く，波長が短いほど大きいと考えられる．可視光に比べると，紫外光はエネルギーが大きく，逆に赤外光はエネルギーが小さい．

光速
(light speed)
$c = 3 \times 10^8$
$[\mathrm{m \, s^{-1}}]$

波長 (ラムダ)
(wavelength)
$\lambda \, [\mathrm{nm}]$ $(10^{-9} \, [\mathrm{m}])$

周波数 (ニュー)
(frequency)
$\nu \, [\mathrm{Hz}]$ $([\mathrm{s^{-1}}])$

500 nm（緑色の光）の周波数は 6×10^{16} Hz

10 GHz（電波）の波長は 3 cm

分子による電磁波の吸収と放出

　分子はいろいろな波長領域の
電磁波を吸収するが，それは図
4.2 に示すような電気双極子モー
メントによって引き起こされる

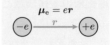

図 4.2　電気双極子
モーメント

と考えられる．いま，$-e$ の電荷をもつ粒子と $+e$ の電荷
をもつ二つの粒子があり，その間の位置ベクトルを r と
すると，電気双極子モーメントは

$$\mu_e = er \tag{4.1}$$

で与えられる．分子では，$-e$ の電荷をもつ電子と $+Ze$
の電荷をもつ原子核が複数あり，それらの位置や状態に
よって，分子全体としての電気双極子モーメントが変化
する．この変化が電磁波の電場の変化に対応して吸収が
起こる．化学結合を担っている電子の状態が変化すると，
分子内の電荷分布に変化が生じる．したがって，電磁波
が照射されて電場の変化が分子に伝わると，電子がそれ
を吸収する．そのエネルギーは可視光あるいは紫外光に
対応するので，その波長領域に電子による光の吸収帯が
観測される．

　原子核の運動である分子の振動と回転についても，$+Ze$
の電荷をもつ原子核の運動エネルギーや位置の変化に伴っ
て分子全体の電気双極子モーメントが変化し，それが光
の吸収を起こす．振動のエネルギーは赤外光，回転のエ
ネルギーはマイクロ波のエネルギーに対応している．

　分子が電磁波を吸収してエネルギーの高い準位にある
とき，これを**励起分子**という．励起分子に光を照射する
と，吸収と同じ確率で放出が起こる．これを**誘導放出**と
いう．同時に，励起分子はある一定の確率で自発的に光を
放出し，元のエネルギーの小さい準位に戻る．これを**自
然放出**という．光の吸収や放出の波長や強度は，分子の
種類によってそれぞれ異なる．

補足) **吸収強度と励起分子の割合**　図 **4.3** に示すような二つの
エネルギー準位を考え，それぞれの準位にある分子の数の時間変
化を $N_1(t), N_2(t)$ とする．電磁波を照射し始めた時点 $(t = 0)$
では，すべての分子は安定なエネルギー準位にあり，$N_1(0) =
N, N_2(0) = 0$ である．

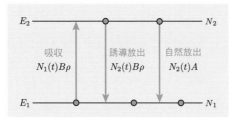

図 **4.3**　電磁波の吸収と放出

　一分子がある波長の電磁波を吸収する確率を B（**アインシュ
タインの B 係数**），光の強度を ρ とすると，単位時間当たりに
N 個の分子の集団が吸収する電磁波の強度は，安定な準位にあ
る分子の数に比例し，$N_1(t)B\rho$ で与えられる．励起分子に光が
照射されると誘導放出が起こり，一個の励起分子で誘導放出が
起こる確率は吸収と同じ B になり，単位時間当たりの誘導放出
の強度は $N_2(t)B\rho$ で与えられる．これに対して，電磁波がなく
ても自発的に起こる電磁波の放出強度は，一分子がある波長の
電磁波を自発的に放出する確率を A（**アインシュタインの A 係
数**）とすると $N_2(t)A$ で与えられ，励起準位にある分子の数に
比例する．安定な準位にある分子の数の時間変化は次の式で与
えられる．

$$-\frac{d}{dt}N_1(t) = N_1(t)B\rho - N_2(t)B\rho - N_2(t)A \qquad (4.2)$$

一定の強度の電磁波を照射し続けると，やがて $N_1(t), N_2(t)$ は
ほぼ一定になり，(4.2) 式は近似的に 0 になる．その極限での
値は，

$$\frac{N_2(\infty)}{N_1(\infty)} = 1 - \frac{1}{\frac{B\rho}{A} + 1} \qquad (4.3)$$

で与えられ，電磁波が弱いときには励起分子の割合は小さく，分
子による吸収量は電磁波の強度に比例する．しかし，電磁波が
強くなると励起分子の割合が増加し，吸収量は光の強度に比例
しなくなり，見かけ上小さくなる．これを**吸収の飽和**という．

エネルギー保存則とスペクトル線　　量子化学では光を粒子（光子）として考えることが多いが，分子による光の吸収も，光子と分子の相互作用として取り扱うと理解しやすい．光は波でもありその周波数を ν とすると，光子一個のエネルギーは

$$E = h\nu \tag{4.4}$$

で与えられる（第1章）．原子スペクトル（1.6節）と同じように，分子による光の吸収でも，光子が一個消滅して，そのエネルギーの分だけ分子のエネルギーが大きくなり，分子はより高いエネルギー状態へ遷移すると考えられる．そのとき，エネルギー保存則から

$$E = h\nu = \frac{hc}{\lambda} = E_2 - E_1 \tag{4.5}$$

という関係が成り立ち，光の波長がこれを満たす値になったとき吸収が起こる（図 **4.4**）．そこで，分子に照射する光の波長を連続的に変化させていくと，特定の波長のところで吸収が起こるのを観測することができる（図 **4.5**）．これをグラフにしたのが分子の**吸収スペクトル**である．

　不確定性原理から，エネルギーと時間を同時に正確に決めることはできず，励起された分子が有限の寿命をもっているためエネルギーの値に不確定性を生じ，分子が吸収する光の波長の値が厳密に定まらない．これを式で表すと

$$\Delta E \cdot \Delta t \geq \frac{h}{4\pi} \tag{4.6}$$

となる．励起準位にある分子の寿命が短い場合は時間の不確定性が小さくなるので，エネルギー，すなわち光の波長の不確定性が大きくなる．これは，吸収スペクトル線の線幅として観測結果に現れる．

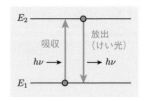

図 **4.4**　分子による光の吸収と放出

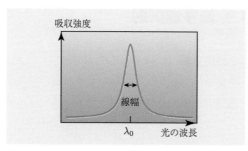

図 4.5 吸収スペクトルの線幅

これを，**寿命幅**あるいは**不確定性幅**とよんでいる．波長
の分解能を高くして吸収スペクトルを観測し，線幅を正
確に測定できたら，励起分子の寿命を推定することがで
きる．

例題 1 電磁波の強度が無限大のとき，$N_1(\infty) = N_2(\infty)$ になることを示せ．

解 十分時間が経って，定常状態になったときの励起分子の
割合は (4.3) 式

$$\frac{N_2(\infty)}{N_1(\infty)} = 1 - \frac{1}{\frac{B\rho}{A} + 1}$$

で与えられる．この式に強度無限大 ($\rho = \infty$) を代入すると，第
二項は 0 になり，

$$\frac{N_2(\infty)}{N_1(\infty)} = 1 \qquad \therefore \quad N_1(\infty) = N_2(\infty)$$

がえられる．電磁波の強度を強くすると，励起準位の分子の数は
増加するが，極限では安定な準位の分子の数と同じになる．電
磁波をどんなに強くしても，励起準位の分子の数が，安定な準
位の分子の数より多くなることはない．

▌4.2　遷移選択則

フェルミの黄金則　　分子による光の吸収は，あるエネ
ルギー準位 ϕ_1 の電子を，エネルギーの高い空の軌道 ϕ_2
へ移す過程である．その遷移確率 I は，この二つの分子
軌道によって決まっており，次の式で表される．

$$I \propto \left| \int \phi_2 \mu \phi_1 \, d\tau \right|^2 \tag{4.7}$$

これをフェルミ（Fermi）の黄金則という．ここで，μ は
光の吸収を誘起する電気双極子モーメントの演算子であ
る．右辺の積分は，しばしば

$$\mu_t = \langle \phi_2 \mid \mu \mid \phi_1 \rangle \tag{4.8}$$

とも表記され，**遷移双極子モーメント**とよんでいる．これ
は，電気双極子モーメントを二つの波動関数ではさみ，全
空間積分したものであり，光の遷移能率の期待値になって
いる．その二乗が確率を表し，光の吸収強度に比例する．

補足　**期待値と行列要素**　　シュレーディンガー方程式は

$$\widehat{H}\phi = E\phi$$

で表されるが，両辺の左から ϕ をかけて全空間積分し，式を変
形すると，次のようなエネルギーの期待値がえられる．

$$E = \frac{\int \phi \widehat{H} \phi \, d\tau}{\int \phi^2 \, d\tau}$$

この式の分子

$$\int \phi \widehat{H} \phi \, d\tau = \langle \phi \mid \widehat{H} \mid \phi \rangle$$

を**行列要素**という．光の吸収の場合は，

$$\langle \phi_2 \mid \mu \mid \phi_1 \rangle$$

という形の行列要素が遷移双極子モーメントになり，その二乗
が遷移確率，すなわち吸収強度を与える．

電子遷移の選択則　分子には，多くの分子軌道と，そ
れぞれに対応する電子のエネルギー準位が存在する．偶
数個の電子をもつ安定な分子では，HOMO までのエネル
ギー準位を二個の電子が占有した電子配置が最もエネル
ギーが小さく，その電子状態を**基底状態**とよぶ．通常の
温度ではほとんどすべての分子が基底状態にあるが，光
を吸収すると電子がエネルギーの高い空のエネルギー準
位に遷移する．これが**電子励起状態**である．この電子遷
移が起こるかは電子による電気双極子モーメントに依存
し，吸収が許容か禁制かは励起状態の分子軌道の対称性
によって決まる．H_2 分子の基底状態では，二つの 1s 軌
道が重なってできる σ 軌道に電子が二個入っている（図
4.6）．片方の 1s 軌道の符号が $-$ になったのが電子励起
状態 σ^* であるが，二つの分子軌道 σ と σ^* は対称性が異
なり，σ–σ^* 遷移が許容となって光の吸収が起こる．しか
し，σ^* 軌道は反結合性なので，光遷移が起こると直ちに
分子は解離する．

　エチレンは，π 軌道のエネルギー準位に二個の電子を
もっていて，光を吸収してその一個が π^* 軌道に遷移す
る（図 4.7）．ここでも，二つの分子軌道の対称性が異な
り，電子遷移は許容となり，深紫外の 180 nm 付近に吸
収帯が観測される．π^* 軌道は反結合性なので，安定な π
結合は失われるが，sp^2 混成軌道による σ 結合があるの
で，励起状態でも分子は解離しない．

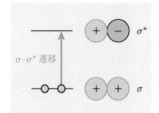
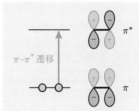

図 4.6
H_2 分子の σ–σ^* 遷移

図 4.7
エチレン分子の π–π^* 遷移

振動回転遷移の選択則　ほとんどの分子は赤外領域に吸収帯を示す．これは基底状態の振動量子数 $v'' = 0$ から $v' = 1$ の振動エネルギー準位への遷移に対応する．気体の分子の場合，吸収スペクトルに回転準位への遷移による細かい構造が現れることが多く，**振動回転スペクトル**とよばれている．どの振動モードで振動遷移が許容になるかは，振動モードにおける各原子核の動きの対称性によって決まる．振動遷移が許容な振動モードは**赤外活性**，禁制のモードは**赤外不活性**という．

　図 **4.8** は，同じ三原子分子の H_2O と CO_2 の対称伸縮振動モードを示したものであるが，二等辺三角形の H_2O 分子の対称伸縮は赤外活性であるのに対し，直線の CO_2 分子では赤外不活性になる．CO_2 分子では，二つの O 原子が直線上で逆方向へ同じだけ動くので電気双極子モーメントが発生せず，赤外不活性になるのは容易に理解できる．H_2O 分子の対称伸縮でも左右の電荷の偏りは生じないが，上下方向には O 原子と H 原子が逆方向に動き，電気双極子モーメントが変化する．したがって，対称伸縮も赤外活性になり，遷移双極子モーメントは上下の方向に沿っている．

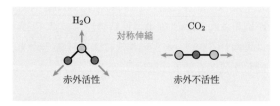

図 **4.8**　H_2O と CO_2 の対称伸縮振動

[補足]　**等核二原子分子は赤外光を吸収しない**　H_2, N_2, O_2 のような等核二原子分子は赤外光を全く吸収しない．伸縮振動において二つの原子核が結合軸上で左右対称に動くので，分子全体での電荷の偏りを生じることがなく，電気双極子モーメントは 0 である．そのため，等核二原子分子では電磁波によって原子核の運動を励起することはできない．

補足 **振電バンドとフランク–コンドン因子** 基底状態と電子励起状態の波動関数を $\Phi_0(v''), \Phi_1(v')$ とすると，電子遷移の遷移双極子モーメントは，

$$\mu_{\mathrm{et}} = \langle \Phi_1(v') \mid \mu \mid \Phi_0(v'') \rangle$$
$$= \langle \phi_1\,\chi(v') \mid \mu \mid \phi_0\,\chi(v'') \rangle \qquad (4.9)$$

で表される．ϕ, χ は，それぞれ電子と振動の波動関数である．電気双極子モーメントの演算子 μ は，振動波動関数には作用しないので，光遷移の確率すなわち吸収強度は

$$I \propto \left| \langle \phi_1 \mid \mu \mid \phi_0 \rangle \right|^2 \left| \langle \chi(v') | \chi(v'') \rangle \right|^2 \qquad (4.10)$$

で与えられる．一番目の因子は，**電子遷移モーメント**とよばれ，その値は分子軌道によって決まる．二番目の因子は，振動の波動関数の重なり積分の二乗で，これを**フランク–コンドン (Franck–Condon) 因子**という．

ほとんどの分子で，その紫外・可視吸収スペクトルに，振動量子数が 0 でない準位への遷移の複数のピークが観測される．これを**振電バンド**とよび，その強度はフランク–コンドン因子に比例する．一般に，電子励起状態での分子の構造が基底状態から変化すると，その変化を含む振動モードに由来するバンドが強く観測される（図 4.9）．エチレン分子の 180 nm の吸収帯では C=C 伸縮振動の 1300 cm^{-1} の振電バンドが強く観測されるが，これは π–π* 遷移によって C=C 結合が長くなるためである．

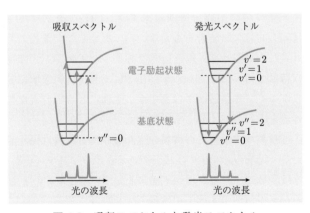

図 **4.9** 吸収スペクトルと発光スペクトル

4.3 紫外・可視スペクトル

分子の紫外・可視光吸収と物質の色　分子が可視光を吸収すると，その物質は色をもつ．空気の主成分である N_2 と O_2 分子は可視光を吸収せず，波長の短い紫外光だけを吸収するので，空気は無色透明である．紫外・可視スペクトルでは，電子遷移による吸収帯が観測されるが，結合の強い分子では，基底状態と電子励起状態のエネルギー差が大きく，吸収波長は短くなる．このような分子でも，紫外光で励起したときの発光スペクトルには波長の長い可視領域の発光が見られることが多い．極地で観測されるオーロラは，大気の上層部で紫外線や宇宙線が吸収され，N_2 分子や N_2^+ イオンの励起状態が生じて，美しく流れるような可視の発光が観測される．

表 4.1 は，ハロゲンの等核二原子分子の吸収最大波長を示したものである．一般に，分子を構成する原子の原子番号が大きくなって質量が増えると，光の吸収波長は長くなる傾向にあり，Br_2, I_2 で吸収帯が可視領域になるので，Br_2 は赤褐色，I_2 は赤紫色をしている．

天然ガスの主成分であるメタン（CH_4）やプロパン（C_3H_8）は，π 結合をもたないので極めて短い波長の紫外光しか吸収せず，無色透明である．オゾン（O_3）の吸収帯は $200 \sim 350\,nm$ の紫外領域にあり，可視領域に吸収がなくて無色透明ではあるが，生物にとって有害な紫外線を吸収してくれる有用な物質である．

可視領域のすべての波長の光を吸収する物質は黒く見える．鉛筆の芯や炭の主成分であるグラファイト（石墨）では多数のベンゼン環が平面に並んでいて，多くの π 電子が可視領域のすべての波長の光を吸収する．

表 4.1　ハロゲン分子の吸収最大波長

分子	吸収波長 [nm]
F_2	290
Cl_2	330
Br_2	410
I_2	530

(補足) **吸収波長と物質の色** 生体系の分子は可視の光を吸収して色が着いているものが多い. 図 4.10 は, ニンジンなどに含まれているベータカロテンの吸収スペクトルであるが, 可視領域の中の 400 ～ 500 nm に吸収帯が見られる. 可視領域の光は, 波長の短い方から紫藍青緑黄橙赤, いわゆる虹の七色に分類され, およそ 500 nm が緑色に対応している. 物質が可視領域のすべての波長の光を含む太陽光を吸収すると, 吸収されない波長の光が反射されてわれわれの目に届き, その色を認識する. これを**補色**という. ベータカロテンは紫藍青緑を吸収するので, その補色である黄橙赤色に見える.

図 4.11 は, 葉緑素の吸収スペクトルである. 有効に光合成をしている葉緑素の構造とメカニズムは極めて複雑であるが, 吸収スペクトルには青と赤の可視領域の両端に強い吸収帯があり, 500 nm の緑色の吸収は弱い. したがって, 葉緑素は緑色に見える. 落葉樹の多くは気温が低くなると葉の色を変えるが, これは葉緑素が反応して他の物質に変化し, それに伴う吸収スペクトルの変化によって理解することができる.

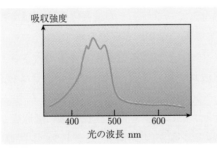

図 4.10 ベータカロテンの吸収スペクトル

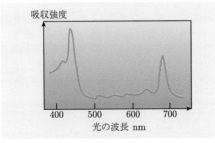

図 4.11 葉緑素の吸収スペクトル

分子の長さ・大きさと吸収波長　　エチレンの π–π^* 遷
移は，深紫外の 180 nm に吸収帯として観測される．π 結
合の数が増えて，分子が長くなると π 軌道のエネルギー
準位の数が増え，遷移やそれに伴う吸収帯の数も増える．
その中で波長が最も長い吸収帯は，π 軌道の HOMO の
準位にある電子を LUMO の準位に励起する π–π^* 遷移
に対応することが多い．HOMO の準位と LUMO の準位
のエネルギー差は，π 結合の数が増えるとともに小さく
なるので，分子の長さとともに最長吸収波長が長くなっ
ていく傾向がある．

　表 4.2 は，代表的な不飽和炭化水素の最長吸収波長を
示したものである．π 結合を直鎖状に連結した分子が，ブ
タジエン，ヘキサトリエン，オクタテトラエンであり，最
長吸収波長は少しずつ長くなっているのがわかる．ベー
タカロテンの基本骨格は，エチレンを 11 個直鎖状に連
結した形をしているが，その最長吸収波長は可視領域の
500 nm まで長くなり，赤橙色を示す．

　同じように，芳香族炭化水素も分子の大きさとともに
最長吸収波長が長くなる．ベンゼン分子では 250 nm で
あるが，ベンゼン環が二つ，三つと連結したナフタレン，
アントラセンでは，より長い波長領域に吸収帯が観測さ
れる．ベンゼン環が四つ連結したテトラセンでは 446 nm
まで吸収帯が観測され，ベータカロテンと同じような赤
橙色を示す．

表 4.2　不飽和炭化水素の最長吸収波長

分子	最長吸収波長 [nm]	分子	最長吸収波長 [nm]
エチレン	180	ベンゼン	250
ブタジエン	200	ナフタレン	310
ヘキサトリエン	230	アントラセン	360
オクタテトラエン	260	テトラセン	446

例題2 ヒュッケル近似を用いた HOMO の準位と LUMO の準位のエネルギー差から，ブタジエン，ベンゼンの最長吸収波長を予測せよ．ただし，$\beta = 22000\,[\mathrm{cm^{-1}}]$ とする．

解 ヒュッケル近似を用いたブタジエンの HOMO の準位のエネルギーは

$$\varepsilon_2 = \alpha + 0.618\beta$$

LUMO の準位のエネルギーは

$$\varepsilon_3 = \alpha - 0.618\beta$$

であるので，そのエネルギー差は

$$E = \varepsilon_3 - \varepsilon_2 = 1.236\beta = 27190\,[\mathrm{cm^{-1}}]$$

と求められ，最長吸収波長は 368 nm と予測される．

同様にベンゼンでは，

$$E = \varepsilon_3 - \varepsilon_2 = 2\beta = 44000\,[\mathrm{cm^{-1}}]$$

となり，最長吸収波長は 227 nm と予測される．

補足 **電子励起状態のエネルギー** 実際の不飽和炭化水素分子の紫外・可視吸収スペクトルを細かく調べてみると，最長波長の吸収帯が HOMO の準位にある電子を LUMO の準位に励起する遷移に対応していない場合もあることがわかる．これは，電子励起状態の間で相互作用が働き，それぞれの吸収帯の波長が変化してしまうことに起因している．この相互作用は，電子間の相関やボルン–オッペンハイマー近似の破れなどに由来するもので，その詳細はまだ明らかにされていない．量子化学の理論はかなり確立されてはいるが，電子励起状態に関してはまだまだ不充分なところもあり，さらに多くの分子での紫外・可視スペクトルの研究が期待されている．

化学反応の追跡　　紫外・可視スペクトルは分子の個性を反映し，光の吸収の波長と強度は，分子によってさまざまである．これを活用して化学反応を追跡すると，その機構を詳細に明らかにすることができる．いま

$$A \rightarrow B$$

という単純な反応を，吸収スペクトルで観測する．図4.12に示すように反応開始直後では，反応物のAが多量にあるので，その吸収帯（波長 λ_A）には強いピークが見られるが，その量は反応が進むにつれて減少するので，それに伴いピークの強度も減少していく．それと同時に生成物Bの量は増加していくので，その吸収帯（波長 λ_B）の強度は逆に増加していく．これを時間とともに記録して正確に分析すれば，この反応の速度を決定することができる．また，これが可逆反応で平衡に達するときは，その平衡定数を決定することもできる．

　光化学反応の追跡には，近年飛躍的に発展を遂げたパルスレーザーが活用されている．多くの分子は紫外光を吸収するが，励起状態で結合の解離や異性化といった分子内反応，あるいは他の分子との分子間反応が起こる場合がある．これを**光化学反応**というが，パルス光を分子に照射して，その後の反応物，生成物の吸収スペクトルの変化を観測すると，反応機構を詳細に解明することができる．

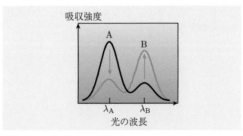

図 4.12　化学反応による吸収スペクトルの変化

例題3 ある光化学反応で途中の段階で生成する反応中間体が見つかり，その寿命は 100 ピコ秒であることがわかった．この中間体の吸収スペクトル線の幅はどれくらいになるかを予測せよ．

解 時間とエネルギーの不確定性原理から，

$$\Delta E \cdot \Delta t \geq \frac{h}{4\pi}$$

なので，スペクトルの線幅の原因となるエネルギー幅は

$$\Delta E = \frac{h}{4\pi \cdot \Delta t}$$

で与えられる．$\Delta t = 1 \times 10^{-10}$ [sec] で計算すると，線幅は $\Delta E = 0.053 \, [\mathrm{cm}^{-1}]$ と予測される．

補足 ランベルト–ベール則　紫外・可視吸収スペクトルの測定のようすを図 **4.13** に示してある．気体放電ランプなどで発せられた紫外光は，回折格子で分散し，特定の波長のものだけを分子を封入した試料セルに入射する（入射光強度 I_0）．セルを透過した光を検出器で受け，その強度 I_1 を測定するのだが，入射光と透過光の強度の間には次の関係が成り立つ．

$$\frac{I_1}{I_0} = 10^{-\varepsilon c l} \tag{4.11}$$

これを**ランベルト–ベール**（Lambert–Beer）**則**という．ここで，ε は分子の**モル吸光係数**，c は分子のモル濃度，l はセルの長さで，1 モル毎リットル（$1 \, \mathrm{mol \, L^{-1}}$）の濃度の分子がある波長でどれくらい光を吸収するかを示す量である．また，$\mathrm{ABS} = \varepsilon c l$ を**吸光度**という．

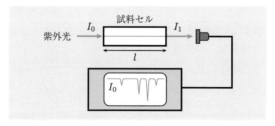

図 **4.13** 紫外・可視吸収スペクトルの測定

1 ナノ秒
1×10^{-9} sec

1 ピコ秒
1×10^{-12} sec

1 フェムト秒
1×10^{-15} sec

寿命とスペクトル線幅

$$\Delta E \cdot \Delta t \geq \frac{h}{4\pi}$$

寿命が 1 ピコ秒のときの線幅は $\Delta E = 5.3 \, [\mathrm{cm}^{-1}]$

4.4 赤外吸収スペクトル

分子による赤外光の吸収　　二原子分子の振動は調和振動子モデルで考えることができ，振動の項値（エネルギーを波数単位（cm^{-1}）で表したもの）は

$$G(v) = \omega_\mathrm{e}\left(v + \frac{1}{2}\right)$$

で与えられる（3.2節）．通常の温度では，ほとんどすべての分子が最もエネルギーが低い $v = 0$ の準位にあり，赤外光吸収によって，次にエネルギーの高い $v = 1$ の準位に励起することができる（図 **4.14**）．

　このとき，エネルギー保存の法則から，吸収される赤外光子のエネルギー E_IR と，$v = 1$ と $v = 0$ の準位のエネルギー差が等しくなければならないので，

$$E_\mathrm{IR} = h\nu_0 = \frac{hc}{\lambda_0} = \omega_\mathrm{e} \tag{4.12}$$

が成り立つ．赤外光の波長を変化させながら分子による吸収の強度を測定し，波長を横軸にしてグラフにしたものを**赤外吸収スペクトル**といい，E_IR の波長で $v = 0$ から $v = 1$ の準位への遷移のスペクトルバンドが観測される．

　分子の原子核の運動には振動，回転，並進の三つがある．並進はスペクトルにはほとんど関与しないが，振動および回転のエネルギー準位の構造は，赤外吸収スペクトルに明確に現れる．それを剛体回転子モデルで解析して回転定数を決定し，分子構造を推定することも可能である．

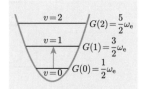

図 **4.14**　分子の赤外吸収

振動回転エネルギー準位　分子の赤外吸収スペクトルに関係するのは振動と回転のエネルギー準位であり，振動回転のエネルギーを波数単位で次のように表す．

$$T(v, J) = G(v) + F(J) \qquad (4.13)$$

ここで，$G(v)$ は**振動の項値**（エネルギーを波数単位で表したもの），$F(J)$ は**回転の項値**である．$T(v, J)$ は**振動回転の項値**とよばれ，調和振動子と剛体回転子のモデルを用いて次のように表される．

$$T(v, J) = \omega_{\mathrm{e}}\left(v + \frac{1}{2}\right) + B_v J(J + 1) \qquad (4.14)$$

回転定数 B は振動量子数 v とともに少しずつ小さくなり，それぞれの v に対する値を B_v と表してある．振動回転エネルギーは，振動量子数 $v = 0, 1, 2, 3, \ldots$ と回転量子数 $J = 0, 1, 2, 3, \ldots$ で決まる．常温では，分子はすべて $v = 0$ の準位にいると考えられるから，赤外吸収は $v = 0$ から $v = 1$ の準位への遷移である（図 **4.15**）．

図 **4.15**　振動回転準位と赤外吸収スペクトル

補足　ボルツマン分布と振動回転準位の分子数　熱平衡にある系では，各エネルギー準位にある分子の数は

$$N(E) = N(0)e^{-\frac{E}{kT}} \qquad (4.15)$$

で与えられる．これを**ボルツマン分布**といい，分子の数はエネルギーとともに指数関数的に減少していく．ここで，k はボルツマン定数，T は絶対温度を表し，kT は常温で $200\,\mathrm{cm}^{-1}$ くらいである．振動準位のエネルギーは $3000\,\mathrm{cm}^{-1}$ くらいであり，この式から $v = 1$ の振動励起準位には $v = 0$ に比べて 10^{-20} 程度の分子数しかないことになる．これに対し，回転エネルギーはかなり小さい（HClでは $10\,\mathrm{cm}^{-1}$）ので，常温では $J \approx 10$ くらいまで多くの分子が分布している．

赤外吸収の選択則   赤外吸収スペクトルには振動準位
間の遷移が観測される．それらの振動準位に回転エネル
ギーが加わり，実際には回転準位による多数のスペクト
ル線が観測される．赤外吸収スペクトルに現れる遷移に
も選択則があり，二原子分子の場合は

二原子分子の
赤外吸収の選択則
$\Delta v = \pm 1$
$\Delta J = \pm 1$

$$\Delta v = \pm 1, \quad \Delta J = \pm 1$$

である．これは分子が赤外光を吸収するときに，振動量
子数 v および回転量子数 J が 1 だけ変化する場合にのみ
遷移が起こるという意味である．

　振動準位に関しては，$v = 0 \rightarrow v = 1$ の遷移が観測さ
れる．回転準位に関しては，J は 0 から 10 くらいまで分
布していて，光を吸収するときに J が ±1 だけ変化する．

　$\Delta J = +1$ の遷移を **R 枝**とよび，R の後に括弧で括っ
て $v = 0$ での J の値を書いて表す．遷移の下の準位の量
子数に ″，遷移の上の準位の量子数に ′ をつけて表すと，
たとえば

$$v'' = 0, J'' = 0 \rightarrow v' = 1, J' = 1$$

の遷移は $R(0)$ と表される．

　$\Delta J = -1$ の遷移を **P 枝**とよび，上と同じで

$$v'' = 0, J'' = 1 \rightarrow v' = 1, J' = 0$$

の遷移は $P(1)$ と表される．$P(0)$ 遷移は，$v' = 1$ の振動
準位での J' が -1 になるので，存在しない．

　$\Delta J = 0$ の遷移は **Q 枝**とよばれるが，二原子分子では
観測されない．クシの歯のようなスペクトル線が中央で
抜けているところがこの Q 枝の位置であり，その両側に
P 枝と R 枝が並ぶ．各スペクトル線の遷移波数は二つの
準位のエネルギー差に等しく

$$E = T(v', J') - T(v'', J'')$$
$$= T(1, J \pm 1) - T(0, J) \qquad (4.16)$$

で与えられる．

補足 **高次の補正** 振動の項値は一般には次のような展開式で表される.

$$G(v)$$
$$= \omega_e \left(v + \frac{1}{2}\right) - \omega_e x_e \left(v + \frac{1}{2}\right)^2 + \omega_e y_e \left(v + \frac{1}{2}\right)^3 + \cdots$$

第二項は**非調和項**とよばれ，振動のポテンシャルが調和振動子からずれる効果を表す.

回転の項値も次のような展開式で表される.

$$F(J)$$
$$= BJ(J+1) - DJ^2(J+1)^2 + HJ^3(J+1)^3 + \cdots$$

第二項は**遠心力歪みの項**とよばれ，回転エネルギーが大きくなると遠心力によって結合が長くなる効果を表す.

補足 $v = 0$ より $v > 0$ の分子の方が少し長い 調和振動子モデルでは二原子分子の振動エネルギーは

$$G(v) = \omega_e \left(v + \frac{1}{2}\right)$$

で表される．しかし，実際の分子のエネルギーは結合距離の長い極限で ∞ にならないから調和振動子からずれてしまう．そのときの結合長を考えると，図 **4.16** に示すように，振動量子数 v が大きくなるにつれて，分子の長さは少しずつ長くなる．各振動準位にそれぞれ回転エネルギーがあるが，それぞれの回転定数は v とともに少しずつ小さくなる.

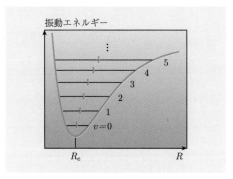

図 **4.16** 平均の結合長

HCl 分子の振動回転スペクトル　　図 4.17 は，気体の
HCl 分子の赤外吸収スペクトルであるが，ほぼ等間隔に
並んだ一連のスペクトル線が規則正しく観測される．赤
外吸収では分子の振動準位の遷移が見られるが，二原子
分子の基準振動は伸縮モード一つだけである．等核二原
子分子は赤外光を吸収しないが，HCl のような異核二原
子分子では回転エネルギー準位による構造を明確に示す
赤外吸収スペクトルが観測される．

　HCl 分子の赤外吸収スペクトルには，$2\,\mathrm{cm}^{-1}$ ほど分
裂した二本のスペクトル線が観測される．これは，Cl 原
子には質量 35 と 37 の二つの同位体が存在するからで，
二本のスペクトル線は二つの質量同位体分子，$\mathrm{H}^{35}\mathrm{Cl}$ と
$\mathrm{H}^{37}\mathrm{Cl}$ によるものである．天然では $^{35}\mathrm{Cl}$ と $^{37}\mathrm{Cl}$ の存在
比はほぼ 3：1 である．スペクトル線の強さはそれにお
よそ比例すると考えられ，隣接する二本のスペクトル線
のうち，弱い方が $\mathrm{H}^{37}\mathrm{Cl}$ のものである．

　周期律表を見ると，Cl 原子の原子量は 35.5 と書いて
あるが，これは二つの同位体の統計的な平均であり，実
際には 35.5 という質量の Cl 原子は存在せず，$\mathrm{H}^{35}\mathrm{Cl}$ と
$\mathrm{H}^{37}\mathrm{Cl}$ の分子が 3：1 の割合で存在していることを赤外
吸収スペクトルで検証することができる．

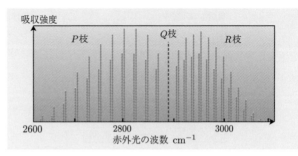

図 4.17　HCl 分子の赤外吸収スペクトル

結合の強さと長さを決めよう

赤外吸収スペクトルから P
枝と R 枝の各スペクトル線
の遷移波数が求まると，それ
から結合の強さ k と長さ R
を決めることができる．スペ
クトル線の遷移波数は (4.16)

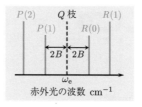

図 **4.18** R 枝と P 枝

式で与えられる．HCl のスペクトルは簡単で，中央の
Q 枝は観測されず，その両脇に順に $R(0), R(1), \dots$ と
$P(1), P(2), \dots$ が並んでいるから，観測されたスペクトル
がどの遷移に対応するかが容易にわかる（図 **4.18**）．その
波数を二つの式に代入すると B_0 および B_1, ω_e に関する連
立方程式がえられ，それを解けば回転定数と固有振動数が
求まる．

もっと簡単には，回転定数が $v = 0$ と $v = 1$ で等し
いと仮定し，(4.14) 式と (4.16) 式を用いて ω_e と B を
求める．この場合はたとえば $R(0)$ と $P(1)$ の遷移波数
から二つを決定できる．ω_e が求まったら3.2節で示した
(3.9) 式

$$\omega_e = \frac{1}{2\pi c}\sqrt{\frac{k}{\mu}}$$

を用いて化学結合の強さ k を求める．HCl 分子では $\omega_e =$
$2886\,[\mathrm{cm}^{-1}]$ であり，これから $k = 476\,[\mathrm{N\,m}^{-1}]$ がえら
れる．

回転定数 B が求まったら，3.4 節の (3.17) 式

$$R = \sqrt{\frac{h}{8\pi^2 c\mu B}}$$

を用いて結合長，すなわち平衡核間距離を決めることが
できる．$\mathrm{H}^{35}\mathrm{Cl}$ 分子では $B = 10.6\,[\mathrm{cm}^{-1}]$ であり，上の
式に代入すると $R = 0.128\,[\mathrm{nm}]$ がえられる．

例題 4 $H^{35}Cl$ 分子の $R(0)$ および $P(1)$ 線は，それぞれ $2907.2\,cm^{-1}$ および $2864.8\,cm^{-1}$ に観測される．回転定数は振動準位によらず一定として，結合の強さ k と長さ R を求めよ．

解 $B_0 = B_1 = B$ とすると，$R(0)$ と $P(1)$ の遷移波数の差は $4B$ になる．したがって，

$$\omega_e = \frac{1}{2}(2907.2 + 2864.8) = 2886.0\,[cm^{-1}]$$

$$B = \frac{1}{4}(2907.2 - 2864.8) = 10.6\,[cm^{-1}]$$

がえられる．結合の強さ k は

$$k = (2\pi c\omega_e)^2 \mu$$

で求めることができる．$H^{35}Cl$ の換算質量は

$$\mu(H^{35}Cl) = \left(\frac{1 \times 35}{1 + 35}\right) \times \frac{10^{-3}}{6.03 \times 10^{23}}$$

$$= 1.61 \times 10^{-27}\,[kg]$$

になる．したがって，

$$k = \left(2 \times 3.14 \times 3 \times 10^8 \times 2886.0 \times 10^2\right)^2 \times 1.61 \times 10^{-27}$$

$$= 476\,[N\,m^{-1}]$$

がえられる．

また，結合の長さは (3.17) 式を用いて

$$R = \sqrt{\frac{h}{8\pi^2 c\mu B}}$$

$$= \sqrt{\frac{6.63 \times 10^{-34}}{8 \times (3.14)^2 \times 3 \times 10^8 \times 1.61 \times 10^{-27} \times 10.6 \times 10^2}}$$

$$= 1.28 \times 10^{-10}\,[m]$$

$$= 0.128\,[nm]$$

と求まる．

補足 $B_0 \neq B_1$ **の場合の遷移波数** 調和振動子と剛体回転子モデルを用いた振動回転エネルギー (4.16) 式を用いると，R 枝および P 枝の遷移波数は次のように表される.

$$
\begin{aligned}
E_{R(J)} &= T(1, J+1) - T(0, J) \\
&= \omega_e + B_1(J+2)(J+1) - B_0 J(J+1) \\
&= \omega_e + (B_1 - B_0)J^2 + (3B_1 - B_0)J + 2B_1
\end{aligned}
$$
(4.17)

$$
\begin{aligned}
E_{P(J)} &= T(1, J-1) - T(0, J) \\
&= \omega_e + B_1 J(J-1) - B_0 J(J+1) \\
&= \omega_e + (B_1 - B_0)J^2 - (B_1 + B_0)J
\end{aligned}
$$
(4.18)

> **例題 5** $B_0 = B_1 = B$ とすると，R 枝および P 枝の遷移波数はどうなるか．またそのときの赤外吸収スペクトルの特徴を示せ.

$B_0 = B_1 = B$ とすると，R 枝の遷移波数を表す (4.17) 式は，

$$
E'_{R(J)} = \omega_e + 2B(J+1)
$$
(4.19)

となり，ω_e の位置から $2B$ の等間隔で $R(0), R(1), \ldots$ と並んで観測される.

また，P 枝については (4.18) 式から

$$
E'_{P(J)} = \omega_e - 2BJ
$$
(4.20)

がえられ，ω_e の位置から $2B$ の等間隔で $P(1), P(2), \ldots$ と並ぶ.

実際の HCl のスペクトル線の間隔が少しずつ変わっているのは $v = 0$ と $v = 1$ で回転定数がわずかに異なることによるものである.

多原子分子の赤外吸収スペクトルは分子の指紋である

多原子分子には複数の基準振動モードがあり，赤外吸収スペクトルは複雑である．どの振動モードの遷移がスペクトルに現れるかは，分子の対称性や基準座標の特徴に依存するが，それを理解するには群論が必要になるので，本書では取り扱わない．実際の各振動モードの固有振動数は，赤外吸収スペクトルから実験的に決めることができるが，スペクトル線の遷移波数は分子によって微妙に異なり，'分子の指紋'とよばれている．

それでも，よく用いられる有機分子などでは，化学結合の強さは分子によってそれほど変化しないので，ある化学結合の振動数はおよそ共通の値をもつ．たとえば，C–H 伸縮は $3100 \sim 3200\,\mathrm{cm}^{-1}$，O–H 伸縮は $\sim 3600\,\mathrm{cm}^{-1}$，C=O 伸縮は $\sim 1600\,\mathrm{cm}^{-1}$，N–H 伸縮は $\sim 2800\,\mathrm{cm}^{-1}$ というように波数の目安があって，だいたいその波数領域に赤外吸収スペクトルのピークがあれば物質はその結合を含んでいると予測される．たとえば，図 4.19 はメチルアルコール（CH_3OH）の赤外吸収スペクトルであるが，この分子がどのような結合からなっているかをおよそ推察できる．これに対して変角振動は $200 \sim 1200\,\mathrm{cm}^{-1}$ の領域にあり，分子によってその波数は大きく異なる．

多原子分子の赤外吸収スペクトルは，その分子の構造に対する多くの情報を与えてくれる．特に振動は化学反応において重要な役割を果たしているので，赤外吸収スペクトルは分子の反応性を解く鍵でもある．

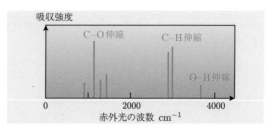

図 4.19 メチルアルコール（CH_3OH）の赤外吸収スペクトル

空気の赤外吸収スペクトル　図 4.20 は空気の赤外吸収スペクトルを模式的に示したものである．ただし，空気の主成分である N_2 と O_2 は等核二原子分子で赤外光を吸収しないので，観測されるのは空気にわずかに含まれる H_2O と CO_2 のスペクトル線だけである．

　H_2O 分子の三つの振動はすべて赤外活性で，スペクトル線の強度も大きい．また，CO_2 も逆対称伸縮と変角モードは赤外光を吸収する．多原子分子では，電荷の偏りを生じる振動モードが必ずあるので，赤外光を吸収する．ただし，CO_2 分子の対称伸縮振動では，等核二原子分子と同じように電荷の偏りを生じないので，赤外光で励起することはできない．これらのスペクトル線の強度は実験室での測定で正確に決定されているので，逆にスペクトル線の強度を測定することで，空気中に含まれる H_2O と CO_2 の濃度を知ることができる．分子が赤外光を吸収すると高い振動エネルギー準位に励起されるが，それは温度が高いという状態だと考えることができる．よって，CO_2 が地球上に降り注ぐ太陽の赤外光を吸収すると空気の温度は上昇する．空気の温度が上昇すると水の蒸気圧も上がり，さらに，H_2O も赤外光を吸収するようになって，ますます温度が上がる．H_2O と CO_2 の温度は，振動回転スペクトルの相対強度から推定することができるので，H_2O と CO_2 の赤外線吸収による空気の温度上昇を研究するのに，赤外吸収スペクトルは極めて有力である．

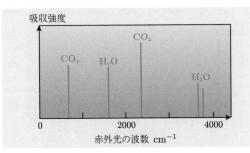

図 4.20　空気の赤外吸収スペクトル

多原子分子の振動回転スペクトル　　多原子分子の赤外吸収にも振動回転準位の遷移が現れる．図 4.21 は気体のアンモニア分子（NH_3）の面外変角の赤外吸収スペクトルである．アンモニアは偏平対称コマ分子であるが，J, K の異なる準位の遷移が数多く観測され，二原子分子のスペクトルよりはるかに複雑なものになる．しかし，スペクトル線の遷移波数には多くの規則性が含まれており，それを基に各遷移が関わっているエネルギー準位の量子数を同定することができる．振動回転準位間の遷移の選択則は吸収する赤外光が分子のどの方向に偏光しているかによって異なる．対称コマ分子では比較的簡単で，次の二つの場合がある．

①平行遷移　$\Delta K = 0, \Delta J = 0, \pm 1$
　　赤外光の偏光がコマの軸（偏長コマでは a 軸，偏平コマでは c 軸）に平行であるときは $\Delta K = 0$ の P, Q, R 枝が観測される．NH_3 の N–H 伸縮振動の遷移モーメントは三回回転軸の方向で偏平対称コマ分子の主軸に平行であり，スペクトルの中央に鋭くて強い Q 枝のピークが見られる．

②垂直遷移　$\Delta K = \pm 1, \Delta J = 0, \pm 1$
　　遷移モーメントがコマの軸に垂直であるときは，$\Delta K = \pm 1$ の P, Q, R 枝が観測される．中央に強いスペクトル線はなく，両側に P 枝と R 枝のスペクトル線が並ぶ．

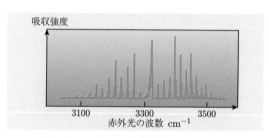

図 4.21　NH_3 の赤外吸収スペクトル

　スペクトルの帰属ができたら回転定数が求まり，それによって分子の構造を正確に決定できる．たとえば，H_2O 分子の場合，結合長 $R(O-H)$ と結合角 $\angle HOH$ は，三つの回転定数からそれぞれ 0.0967 nm, 104.5° と求められる．NH_3 分子は正三角錐で，構造変数は結合長 $R(N-H)$ と結合角 $\angle HNH$ だけであり，三つの回転定数からそれぞれ 0.1017 nm, 107.8° と求められる．

例題6　三回対称軸周りのアンモニアの回転定数は $C = 6.34$ $[\text{cm}^{-1}]$ である．水素原子の質量 $m_H = 1.67 \times 10^{-27}$ [kg]，結合長 $R(N-H) = 0.1$ [nm] とし，N–H 結合は水平面から何度傾いているかを求めよ．

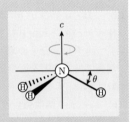

図 **4.22**　NH_3 の c 軸周りの回転

解　N–H 結合が水平面から θ だけ傾くと，c 軸周りの H 原子の回転半径は $R(N-H)\cos\theta$ になる．このときの c 軸周りの慣性モーメントは

$$I_c = 3m_H \{R(N-H)\cos\theta\}^2$$
$$= 3 \times 1.67 \times 10^{-27} \times \left(0.10 \times 10^{-9} \times \cos\theta\right)^2$$
$$= 5.00 \times 10^{-47} \times \cos^2\theta \,[\text{kg m}^2]$$

となり，したがって回転定数 C は

$$C = \frac{h}{8\pi^2 c I_c}$$
$$= \frac{6.63 \times 10^{-34}}{8 \times (3.14)^2 \times 3 \times 10^8 \times 5.00 \times 10^{-47} \times \cos^2\theta}$$
$$= \frac{5.62}{\cos^2\theta} = 6.34$$

となる．これから，N–H 結合の水平面からの傾き角 θ は

$$\cos^2\theta = 0.886$$
$$\therefore \quad \theta = 20°$$

と求められる．

演習問題
第4章

4.1　ある励起分子の寿命が 20 ナノ秒であったとすると，吸収スペクトル線幅はいくらになるか．波数と周波数の単位で答えよ．

4.2　H 原子の 1s → 2p の光遷移が許容になることを説明せよ．

4.3　H_2 分子の σ–σ^* 遷移の結合軸に垂直な方向の遷移双極子モーメントが 0 になることを説明せよ．

4.4　エチレン分子の C–H 対称伸縮振動のモードが赤外不活性であることを示せ．

4.5　(4.3) 式を導け．

4.6　N 個（偶数個）の C 原子をもつ直鎖の不飽和炭化水素について，ヒュッケル近似を用いてえられる π 軌道の固有エネルギーは

$$E_k = \alpha + 2\beta \cos\left(\frac{k\pi}{N+1}\right) \qquad k = 1, 2, \ldots, N$$

で与えられる．これから，π–π^* 遷移の最長吸収波長は，N とともに長くなることを示せ．

第5章

量子化学の応用

物質は原子や分子によって構成されているので，その構造や性質を解き明かそうとすると，その基礎理論を学ぶことは必須である．そして，現代社会はさまざまな物質を基盤にして成り立っているので，量子化学は広い領域で応用されている．

いま最も深刻なのは地球環境問題であるが，CO_2 や O_3 などの化学物質について，現状の分析と将来の予想と対策が重要となっている．もう一つ，近年注目されているのが，宇宙のスペクトルの理解であり，生命の起源などの根本的な課題へのアプローチとして，研究が進められている．

人間のための応用としては，医療や IT 機器の開発がある．最先端医療では，体内の画像をどのようにして正確にえるのか，どのような治療法を選択するのかが重要な課題になっているが，その基本となっているのが半導体を駆使した集積回路である．

━━ 本章の内容 ━━

5.1 環境有害物質の分析
5.2 宇宙のスペクトル
5.3 最新医療機器
5.4 半導体

NMR

H 原子の原子核（陽子）はスピン角運動量（$I = \frac{1}{2}$）をもち，二つの副準位（$m_I = +\frac{1}{2}$ と $m_I = -\frac{1}{2}$）は磁場によって分裂する．その分裂エネルギーに対応する電磁波を照射すると，副準位間の遷移が起こり，核スピンの方向が逆転する．これを NMR とよんでおり，複雑な分子の同定や分析，さらには MRI などの画像機器に利用されている．

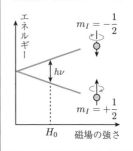

5.1 環境有害物質の分析

大気中の有害気体物質の検出　深刻な地球環境問題の一つが大気汚染である．大気中に放出された有害気体分子の検出には，主に赤外・可視・紫外領域の吸収スペクトル測定が用いられている．気体分子は，周りの分子の影響をほとんど受けずに，線幅の小さいスペクトル線を示すので，大気の試料の吸収スペクトルを観測すると，各々の分子を正しく同定することができる．また，一分子当たりの光の吸収強度は，実験で正確に定められているので，採取した大気の試料をセルに封入し，スペクトル線の強度を測定してやれば，それぞれの分子の濃度を決定することができる．

自然現象である火山活動からも，二酸化イオウ（SO_2）や硫化水素（H_2S）などの有害な気体分子が大気中に多量に放出されるが，いま危惧されているのは，人間が化石燃料を燃やすことによって発生する窒素やイオウの酸化物，いわゆる NO_x, SO_x である．これらの気体分子は水に溶けると硝酸（HNO_3）や硫酸（H_2SO_4）になるので，生物にとっては危険である．図 5.1 は，代表的な分子である NO_2 と SO_2 の紫外・可視吸収スペクトルを示したものである．NO_2 は可視領域に吸収帯をもち，気体は赤褐色をしている．NO_2 分子は，不対電子を一個もっているので反応性が高く，毒性も強い．濃度や圧力が高いと二量体の N_2O_4 に変化し，気体の色が薄くなることがあるが，無毒化したのではないので留意する必要がある．これに対して，SO_2 の吸収帯は紫外領域の 330 nm 付近にあり，気体の SO_2 は無色であるが，その濃度は紫外吸収スペクトルの強度から決定することができる．SO_2 は不対電子をもたず，反応性はさほど高くないが，気体を吸引すると呼吸器系に障害を起こし，咳や気管支炎を発症する恐れがある．

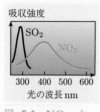

図 5.1　NO_2 と SO_2 の吸収スペクトル

　自動車の排気ガスや工場の排煙として大気中に放出される NO_x, SO_x は，石炭の不完全燃焼によって生成する粒状の微小固体炭素に吸着され，大気中を浮遊する．そのうち大きさが $2.5\,\mu m$ 以下のものを **PM2.5** とよんでいる．これも深刻な大気汚染問題になっているが，固体物質はすべての波長の光を散乱してしまうので，明確な吸収スペクトルを観測するのが難しく，これを分析するには実際の物質を採集して，化学的な分離分析をするしか方法がない．

PM2.5
微小粒子状物質
(Particulated
Material)
のうち，大きさが
$2.5\,\mu m$ 以下のもの．

補足　リモートセンシング　現在は，地球のあらゆる位置で，大気中の有害気体物質の濃度が測定されているが，データの多くは宇宙にある人工衛星に搭載した分光器によってえられている．自動操縦の分光器を遠隔操作するので，これはリモートセンシングとよばれている．

　太陽光は，紫外・可視・赤外の光を含んでいて，地表に当たるとそのほとんどは反射される．それを，はるか上空の人工衛星に搭載した分光器で検出し，赤外吸収スペクトルを測定することができる（図5.2，図5.3）．人工衛星は，その位置や角度を任意に制御できるので，吸収強度，温度，圧力のデータを多角的にえることで，大気中の有害気体分子の三次元分布とその時間変化を解析している．

　有害物質だけでなく，二酸化炭素（CO_2）やオゾン（O_3）の分布も継続的に測定されており，地球環境の保全のための基礎データとして役立てられている．

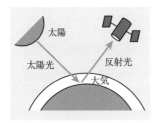

図 5.2　人工衛星によるデータ収集のようす

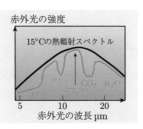

図 5.3　リモートセンシングによる赤外吸収スペクトル

水溶液の pH 値　　純粋な水の中では，わずかな H_2O 分子が解離している．

$$H_2O \rightleftharpoons H^+ + OH^- \tag{5.1}$$

H 原子は電子を失って陽イオンになりやすく，(5.1) 式の解離反応では H 原子の電子は OH 分子に移動しており，これを**電離**という．H_2O の電離には大きなエネルギーが必要なのでその反応の速度は小さく，また電離で生じた H^+ と OH^- は容易に再結合するので，イオンの定常的な量は極めて少なく，液体の水では次の式が成り立つ．

$$k_w = [H^+][OH^-] = 1 \times 10^{-14}\,[(\mathrm{mol\,L^{-1}})^2] \tag{5.2}$$

ここで，$[H^+]$ と $[OH^-]$ はそれぞれ H^+ と OH^- の濃度を表し，k_w は**水のイオン積**という．(5.2) 式から，純粋な水では

$$[H^+] = [OH^-] = 1 \times 10^{-7}\,[\mathrm{mol\,L^{-1}}] \tag{5.3}$$

となり，これを**中性**といって，次の式で与えられる **pH** 値は 7 になる．

$$pH = -\log[H^+] \tag{5.4}$$

　H_2O 以外にも，水の中で電離して H^+ を生じる分子がある．たとえば，塩化水素（HCl）は水中で 100 ％ 電離して，H^+ と Cl^- を生じる．

$$HCl \rightarrow H^+ + Cl^- \tag{5.5}$$

したがって，HCl を水に溶かすと（これを塩酸という）H^+ の濃度が増加し，(5.4) 式から pH 値は減少して 7 より小さくなる．これを**酸性**という．逆に，水酸化ナトリウム（NaOH）は水中で 100 ％ 電離して Na^+ と OH^- を生じる．

$$NaOH \rightarrow Na^+ + OH^- \tag{5.6}$$

NaOH を水に溶かすと OH^- の濃度が増加し，(5.2) 式から H^+ の濃度は減少し，pH 値は増加して 7 より大きくなる．これを**塩基性**（アルカリ性）という．

イオンの総量
水溶液中のイオンの総量は pH 値が 7 のときに最小である．酸性や塩基性ではイオンの濃度が高くなって反応性が上がり，生物の環境としては適切でないことが多い．

酸性・中性・塩基性　酸性も塩基性も生物には危険であり，河川や海の水はできる限りほぼ中性に保つ必要がある．地表に存在する物質には，酸や塩基として働くものが多いので，pH = 7.0 にすることは難しい．人間の活動によって pH の値が大きく変化することがないように，化学物質を取り扱う企業の工場，研究施設，大学などでは廃水の pH 値を常時厳しく監視している．

①**酸性**　塩酸（HCl），硫酸（H_2SO_4），硝酸（HNO_3）は**強酸**とよばれ，ほぼ 100 ％ 水溶液中で電離している．

$$H_2SO_4 \rightarrow 2H^+ + SO_4^{2-} \qquad (5.7)$$

$$HNO_3 \rightarrow H^+ + NO_3^- \qquad (5.8)$$

これに対して，炭酸（H_2CO_3），酢酸（CH_3COOH）などは**弱酸**とよばれ，ごく一部しか電離していない．

②**塩基性**　水酸化ナトリウム（NaOH），水酸化カリウム（KOH），水酸化カルシウム（$Ca(OH)_2$）は**強塩基**である．

$$NaOH \rightarrow Na^+ + OH^- \qquad (5.9)$$

$$Ca(OH)_2 \rightarrow Ca^{2+} + 2OH^- \qquad (5.10)$$

炭酸水素ナトリウム（$NaHCO_3$），アンモニア（NH_3）などは**弱塩基**である．

$$NaHCO_3 \rightarrow Na^+ + HCO_3^- \qquad (5.11)$$

$$NH_3 + H_2O \rightarrow NH_4^+ + OH^- \qquad (5.12)$$

硫酸の二段階電離

H_2SO_4
$\rightarrow H^+ + HSO_4^-$

HSO_4^-
$\rightleftharpoons H^+ + SO_4^{2-}$

二段階目の電離は完全には起こっていない．

中和　　酸と塩基を適当な量の比で混合すると，反応が起こって中性になる．これを**中和**という．たとえば，水酸化ナトリウム（NaOH）と塩酸（HCl）を等量混合すると塩化ナトリウム（食塩，NaCl）が生成する．

$$NaOH + HCl \rightarrow NaCl + H_2O \qquad (5.13)$$

NaCl は水溶液中では，100 ％電離している．

$$NaCl \rightarrow Na^+ + Cl^- \qquad (5.14)$$

ただし，中和反応では大きな熱量（**反応エンタルピー**）が発生して水溶液が沸騰する危険があり，濃度の高い酸と塩基の混合には注意が必要である．

緩衝作用　　河川や湖の水はほぼ中性であるが，近年化石燃料の燃焼で生成する気体の NO_x, SO_x が雨に溶け込んでしまい，弱酸性になることが多い（**酸性雨**）．いま日本での雨水の pH 値は 5.5 から 6.5 くらいである．また，二酸化炭素（CO_2）は水に溶けて炭酸（H_2CO_3）となり，pH 値を低下させる．

$$CO_2 + H_2O \rightarrow H_2CO_3 \rightarrow H^+ + HCO_3^- \qquad (5.15)$$

海水は塩基性で pH $= 8.1$ くらいであるが，大気中の二酸化炭素の増加に応じて，その値が低下している．二酸化炭素はヒトの体内の血液にも溶け込んでその pH 値にも影響を与える．ところが，ヒトの血液の pH 値は常に正確に $7.35 \sim 7.45$ に保たれていて，この範囲から外れてしまうと健康状態が維持できない．その調節機構として，(5.15) 式の逆反応が起こって化学平衡が成り立ち，H^+ の濃度を一定に保っていると考えられていて，これを**緩衝作用**という．実際には他にもいくつかの反応が複雑に関わっていて血液の pH 値が保たれているが，そこでも多くの元素イオンが重要な役割を果たしている．

補足　**フェノールフタレイン**　大学での基礎教育課程の化学実験の課題として，酸と塩基の中和反応がある．濃度がわからない酸性物質の水溶液試料に標準濃度の塩基性の水溶液を滴下して中和し（**滴定**），その滴下量を正確に測定して，試料中の酸性物質の濃度を決定するというものである．その実験で中和点を観測するのに pH 指示薬が用いられる．図 5.4 は，フェノールフタレイン分子の pH による構造の変化を示したものである．

　フェノールフタレイン分子は酸性の水溶液中では電気的に中性の分子であり，可視領域に光の吸収帯をもたないので無色透明である．これに塩基性溶液を加えていって pH 値が 8.3 〜 10.0 になると，分子が電離して二価の陰イオンに変化する．このイオンは可視の 500 〜 600 nm の波長領域に吸収帯をもち，水溶液は赤紫色を示す（図 5.5）．塩基性の溶液を滴下していって，試料溶液が赤紫色を呈したら，そこで中和したと判定できる．このような pH 指示薬は多くの種類が開発されていて，それらを組み合わせて使用すると，未知の水溶液の pH 値を簡単に知ることができる．

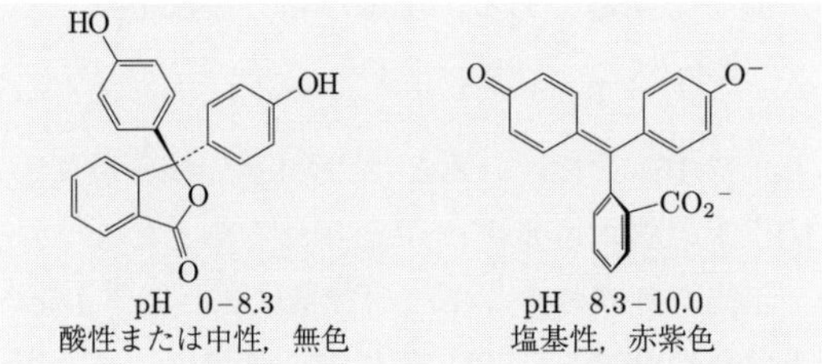

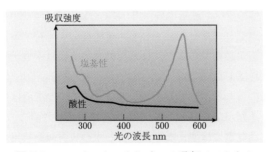

pH　0-8.3
酸性または中性，無色

pH　8.3-10.0
塩基性，赤紫色

図 5.4　フェノールフタレイン分子の pH による構造変化

図 5.5　フェノールフタレインの吸収スペクトル

表 5.1　代表的な
放射性元素と半減期

放射性元素	半減期
^{139}I	8 日
^{3}H	12.3 年
^{90}Sr	28.9 年
^{137}Cs	30 年
^{239}Pu	2.4 万年
^{238}Pu	87.7 万年
^{235}U	7 億年
^{40}K	13 億年
^{238}U	45 億年

放射性元素　　地球に存在する元素には，一定の確率で原子核の分裂反応を起こすものがあり，核分裂と同時に放射線を放出するので**放射性元素**とよばれる（表 5.1）．核分裂の前後では，全体の質量がわずかに減少することが知られているが，そのとき次の式にしたがって質量がエネルギーに変換される．

$$E = mc^2 \tag{5.16}$$

ここで，c は光速（$c = 3 \times 10^8 \,[\mathrm{m\,s^{-1}}]$）であり，この式はわずかな質量でも莫大なエネルギーになることを示している．実際の核分裂反応では，放射線とともに極めて大きな熱エネルギーが放出される．

^{235}U（質量数 235 のウラン原子）は，中性子（n）によって核分裂が促進され連鎖反応を起こす．このときに放出される熱エネルギーを利用して電気エネルギーをえるのが**原子力発電**である．主要な核分裂反応は

$$^{235}\mathrm{U} + \mathrm{n} \rightarrow {}^{95}\mathrm{Y} + {}^{139}\mathrm{I} + 2\,\mathrm{n} \tag{5.17}$$

であり，(5.16) 式を用いると ^{235}U 1 g の核分裂反応から 8×10^{10} J の熱エネルギーがえられることになる．全世界の一年当たりのエネルギー消費量は 2×10^{20} J なので，計算上は年間 2500 トンの ^{235}U で，世界のエネルギーを賄えることになる．

天然のウラン鉱石中の ^{235}U の割合は 0.7 ％であり，これを濃縮して燃料としている．連鎖反応を維持するには中性子が必要であるが，反応を抑制するには中性子を捕獲すればよく，これにはホウ素（B）やアルミニウム（Al）が用いられる．核分裂を繰り返すと ^{235}U の濃度は減少し，連鎖反応を起こさなくなって使用済核燃料となる．これは発電には使えないが，少しずつ放射線を放出するので，安全な管理区域で冷却保存する必要がある．

補足）　**放射性元素の半減期**　核分裂反応では，一個の放射性原子に対して一定の確率で反応が起こる．いま，ある放射性原子の濃度を [A] とすると，その時間変化は次の式で与えられる．

$$-\frac{d}{dt}[A] = k[A]$$

$$\therefore \quad -\frac{d[A]}{[A]} = k\,dt$$

k は核分裂反応の速度定数で，この両辺を積分すると

$$\ln[A] = -kt + C$$

$$\therefore \quad [A] = [A]_0 e^{-kt} \tag{5.18}$$

がえられ，$t = 0$ で $[A]_0$ だった放射性元素の濃度は，単位時間当たり e^{-kt} の割合で減少していく．$[A]$ が $[A]_0$ の半分になる時間を**半減期**といい，

$$t_{\frac{1}{2}} = \frac{\ln 2}{k} \tag{5.19}$$

で与えられる．半減期の二倍の時間が経過したら $[A]$ は $[A]_0$ の $\frac{1}{4}$，三倍の時間が経過したら $\frac{1}{8}$ へと減少していく．このような変化の反応を**一次反応**といい，$[A]$ は同じ割合で減少していくが，0 になることはない．放射性元素は決してなくなることはない．

補足）　**年代測定**　自然界には三つの炭素の質量同位体（^{12}C，^{13}C，^{14}C）が存在し，^{14}C は 5730 年の半減期で ^{14}N に放射性壊変する．さらに，生存している生物内での $\frac{^{14}C}{^{12}C}$ の比は時代を遡ってもほとんど変化していないことも知られている．したがって，過去に死滅した植物の化石や，人類が過去に建物に用いた木材における $\frac{^{14}C}{^{12}C}$ を測定してやれば，その植物がいつ死滅したかや，その建物がいつ造られたかを推定することができる．詳しい研究により，いまから数万年前の遺物について，正確に年代を推定することができるようになった．

放射線の種類

- α 線
  陽子二個と中性子二個からなる粒子

- β 線
  高いエネルギーをもつ電子

- γ 線
  高いエネルギーをもつ短波長の電磁波

放射線の種類と特性　　放射線とは，高いエネルギーをもって高速に運動している粒子（粒子線）と高いエネルギーをもつ短波長の電磁波の総称であり，**放射能**とは放射線を発生させる能力のことである．放射線は多くの物質を透過し，化学結合よりもエネルギーが高くて反応性も高いので，医療や殺菌などに活用されているが，生体物質を破壊するリスクも大きいので，知識を学んで注意深く取り扱うことが肝要である．

①アルファ線（α 線）

核分裂で放出される陽子二個と中性子二個からなる粒子（ヘリウムの原子核）である．質量数 239 のプルトニウム（^{239}Pu）の核分裂などで放出される．

$$^{239}\text{Pu} \xrightarrow{\alpha\text{線}} {}^{235}\text{U} \tag{5.20}$$

このとき，α 粒子が原子核から飛び出すのはトンネル効果によるものであるが，α 粒子と原子核の間に＋の電荷どうしの反発が働くので，一度外に出た α 粒子は高いエネルギーをもって高速で運動する．

②ベータ線（β 線）

陽電子
電子と同じ質量であるが，$+e$ の電荷をもつ．

核分裂で放出される高いエネルギーをもつ電子または陽電子であり，中性子の崩壊などで放出される．

$$\text{n} \xrightarrow{\beta\text{線}} \text{H}^+ + \text{e}^- \tag{5.21}$$

β 線は電離作用が強いので，医療などで応用されているが，同じ粒子線である α 線に比べて質量が小さく速度は大きいので，長い距離を移動して生体に悪影響を及ぼすことが多い．これを防ぐためには，厚めの金属板が必要になる．

③ガンマ線（γ線）

原子核の分裂に伴い発生するエネルギーの高い電磁波で，波長が $10\,\mathrm{pm}$（$10 \times 10^{-12}\,\mathrm{m}$）より短いのを γ 線とよんでいる．γ 線は透過性が高く，その遮断には $10\,\mathrm{cm}$ 以上の鉛の板が必要である．γ 線は伝播する電磁波であるので放射性物質で汚染することはなく，強度や取扱いに細かい注意を払いながら，医療品や食品の減菌，工業製品の内部写真，外科手術用のガンマナイフなどに応用されている．線源としては質量数 60 のコバルト原子（$^{60}\mathrm{Co}$）がよく用いられており，安定同位体の $^{59}\mathrm{Co}$ に中性子を照射して発生させている．

補足　放射線の単位

①放射線の強さを表す単位　―ベクレル―

1 秒間に一個，原子核が分裂するときの放射能を 1 ベクレル（**Bq**）という．ある特定の量の放射性物質について，全体としての放射能の強さを表す．

②放射線の吸収線量を表す単位　―グレイ―

人間が放射能を受けることを**被曝**というが，その量を，受けた物質の単位質量当たりの吸収エネルギー量で表したのが**グレイ**（**Gy**）という単位である．$1\,\mathrm{Gy}$ は物質 $1\,\mathrm{kg}$ 当たりに $1\,\mathrm{J}$ のエネルギーを吸収したときの放射線量を表す．

③放射線の実効線量を表す単位　―シーベルト―

放射能の被曝による深刻な被害として，被曝した細胞のがん化がある．その発症確率は臓器や組織によって異なるが，生理学的モデルから計算で求められる値を基準として，被曝の限界を定められる吸収線量の値が決められている．その単位は Gy と同じ $\mathrm{J\,kg^{-1}}$ であるが，国際標準として最も適切なモデルで計算された**シーベルト**（**Sv**）が用いられている．

例題 1　ある植物中の $\frac{^{14}C}{^{12}C}$ の比を測定したところ，現在生存している植物での値の 0.10 倍であった．この植物が死滅したのはいまから何年前かを推定せよ．

解　(5.18) 式より，

$$\frac{[A]}{[A]_0} = e^{-\frac{\ln 2}{t_{\frac{1}{2}}}t} = 0.10$$

$$\therefore \quad t = -\frac{t_{\frac{1}{2}} \times \ln 0.10}{\ln 2} = -\frac{5730 \times (-2.3)}{0.69}$$

$$\approx 19000\,[\text{年前}]$$

になる．

例題 2　質量数 226 のラジウム原子（^{226}Ra）の半減期は，$t_{\frac{1}{2}} \approx 1600\,[\text{years}] \approx 5.1 \times 10^{10}\,[\text{sec}]$ である．^{226}Ra 1 g の放射線量をベクレル単位で求めよ．

解　一個の ^{226}Ra 原子が 1 秒間にどれくらい分裂（崩壊）するかという確率を λ（**崩壊確率**），1 g 中の ^{226}Ra 原子の数を N とすると，その放射線量 A は

$$A = \lambda N$$

で求められる．λ は寿命の逆数であり半減期 $t_{\frac{1}{2}}$ によって

$$\lambda = \frac{\ln 2}{t_{\frac{1}{2}}} = 1.4 \times 10^{-11}\,[\text{s}^{-1}]$$

と計算できる．^{226}Ra 1 g は

$$\frac{1}{226} = 0.0044\,[\text{mol}]$$

であり，

$$N = 0.44 \times 6.02 \times 10^{23} = 2.6 \times 10^{21}$$

となる．したがって，その放射線量は

$$A = 1.4 \times 10^{-11} \times 2.6 \times 10^{21}$$

$$= 3.6 \times 10^{10}\,[\text{Bq}]$$

になる．正確には，^{226}Ra 原子 1 g の放射線量は 370 億ベクレルであり，かつてはこの値を 1 キュリー（**Ci**）とよんでいた．

コラム **海洋酸性化** 主に水溶液で生命を維持している多くの生物にとっては，体内の水溶液の pH 値は重要なものであり，酸性（アシドーシス）や塩基性（アルカローシス）になると健康状態に支障をきたす．生体内の状態や化学反応の制御は量子化学で理解されるべきものではあるが，系があまりに複雑で，まだその完全な解明には至っていない．

海に生息する生物にとって，海水の pH 値の維持は極めて深刻な問題である．海水の pH 値は現在およそ8で，弱塩基性である．これは，地殻に含まれる Na, K, Ca などの1族，2族元素イオンが溶け込んでいるためである．近年の大気中の CO_2 濃度の増加により，海水の pH 値は減少していて，炭酸カルシウム（$CaCO_3$）の溶解度が大きくなり，珊瑚や甲殻類などの死滅などが問題になっている．19世紀の産業革命以前は，大気中の CO_2 濃度は 300 ppm で，海水の pH 値は 8.17 程度であった．これが現在では，大気中の CO_2 濃度は 400 ppm を超え，海水の pH 値は 8.06 程度まで減少した．CO_2 の排出量は増加し続けているので，将来的にも海水の pH 値は減少していくと考えられている．

大気中の CO_2 濃度が増加すると，海水に溶け込む量も多くなり (5.15) 式の反応で pH 値は減少する．実際には海水は酸性になることはないが，塩基性から酸性に近づくという意味で，**海洋酸性化** (ocean acidification) とよばれている．大気中の CO_2 濃度の増加は，同時に海水の温度上昇も促進するが，高温では CO_2 の溶解度が減少して pH 値は増加するとも予測されるので，地球温暖化と海洋酸性化は，別々の問題ではない．地球環境問題には多くの複雑な因子が絡んでいて，その解決のためには，化学物質の存在量の定常観測と，分野を超えた研究の継続が重要である．

5.2 宇宙のスペクトル

星間分子のマイクロ波スペクトル　　宇宙空間では，そのほとんどが H 原子と He 原子であるが，星が形成されているところや爆発を起こした直後の領域では，比較的高密度な多種の元素による気体分子が存在している．これらは**星間分子**とよばれているが，分子の回転エネルギー準位間の遷移に伴う電磁波が多くの分子について観測されている．その波長は 1 cm 程度であり，**マイクロ波（電波）**とよばれている領域である．そこで，大型のパラボラアンテナで宇宙からのマイクロ波を高感度に受信し，その高分解能スペクトルを観測することで，どのような分子が星間空間にあるのかを同定することができる．この仕組みを利用する望遠鏡が**電波望遠鏡**であり，現在では世界各地に設置されている電波望遠鏡のデータを各国の研究機関で共有し，これまでに 200 種類以上の星間分子が確認されている．

表 5.2 に，電波望遠鏡で確認された代表的な星間分子をまとめてある．最初に発見されたのは，CH や CN といった**ラジカル**（不対電子をもつ分子種）であり，その後 HCO, HCN や HCCCCCN のような直鎖型の炭素分子が数多く同定された．マイクロ波遷移は対称性が高くて電荷の偏りのない分子では観測されないので，電波望遠鏡で確認できるのは対称性の低い分子に限られるが，それでも地球上ではあまり安定でない分子種が数多く観測されているのが特徴的である．

原子数が多い比較的大きな分子としては，アセトンやナフタレンの置換体などが確認されており，これから宇宙での状態変化や化学反応のメカニズムを解明しようという研究が現在進められている．電波望遠鏡でマイクロ波スペクトルを観測すると，分子の温度や並進速度を知ることができる．回転スペクトル線の強度は，それぞれ

表 5.2　電波望遠鏡で確認された代表的な星間分子

電波望遠鏡で確認された主な星間分子
CH, CN, CO
HCH, HCN
H_2CO, NH_3
HCCCN
CH_3CHO (acetaldehyde)
$(CH_3)_2CO$ (acetone)
…

の回転エネルギー準位にある分子数に比例するので，複数のスペクトル線の相対強度を測定することにより，分子の温度を推定できる．また，分子が並進運動していると，ドップラー（Doppler）効果によりスペクトル線がシフトして観測されるので，星間分子がどれくらいの速度で地球に向かって運動しているかを知ることができる．

[補足]　**電波望遠鏡**　宇宙から届くマイクロ波をパラボラアンテナで集め，特定の周波数成分（波長成分）を選択的に検出することにより，星間分子のマイクロ波スペクトルを測定することができる．これが電波望遠鏡（図 5.6）である．宇宙からのマイクロ波の強度は極めて微弱で，これを高感度で検出するために大型のパ

図 **5.6**　電波望遠鏡

ラボラアンテナを用いる．面積の大きい放物面鏡で，特定の方向から入射されるマイクロ波を焦点に集め，特殊性能の高感度受信器を使って，高分解能高感度のマイクロ波スペクトルが観測できるようになっている．

　国内では，長野県の野辺山に直径 45 m の電波望遠鏡があり，これまでに数多くの星間分子を発見してきた．ハワイのマウナロア山の上では，世界各国の電波望遠鏡が設置されていて，宇宙から届くマイクロ波のスペクトルを観測し，分子進化や生命の起源の解明を目指して，研究を続けている．マイクロ波スペクトルは，回転エネルギー準位間の遷移を観測するもので，複雑な分子の帰属，同定にはとても有力である．

星間分子の赤外スペクトル　宇宙空間から届く赤外線を感度良く検出し，高分解能赤外スペクトルを観測すると，星間分子の同定をすることができる．等核二原子分子以外は，赤外領域に振動エネルギー準位間の遷移による吸収帯を示すので，マイクロ波スペクトルでは観測できない対称性の高い分子の観測も可能である．近年数多くのスペクトルデータが報告され，星間分子の発見に貢献している．表5.3は，赤外スペクトルによって確認された主な星間分子をまとめたものである．

原子数の多い比較的大きな分子では，回転エネルギー準位間の遷移のスペクトル線を明確に分離することは難しいが，それらが重なってピークを示す振動バンドをいくつか観測できれば，地球上の実験室で測定したスペクトルと比較検討することにより，分子を確認することができる．赤外スペクトルで確認された分子種としては，電気的に中性な安定分子だけではなく，イオンやラジカルなどの不安定分子種も多くある．

原子数の少ない小さい分子については，赤外スペクトルで回転遷移が分離して観測されることが多く，分子の同定は容易になる．さらに，各回転遷移の強度が温度に依存するので，星間分子の温度も推定できる．熱平衡にある物質中の分子のエネルギーは次の式で与えられる**ボルツマン分布**にしたがっていることが知られている．

$$N(E) = N(0)e^{-\frac{E}{kT}} \qquad (5.22)$$

ここで，$N(E)$ は，E という大きさのエネルギーをもつ分子の数を表し，T は温度，k はボルツマン定数（温度をエネルギーに変換する係数）である．この式は，温度が一定であれば，準位のエネルギーが大きくなるほど分子数が少なくなることを示している（図5.7）．たとえば，二原子分子の回転エネルギーは

$$E = BJ(J+1) \qquad (5.23)$$

表5.3
赤外スペクトルで確認された代表的な星間分子

赤外スペクトルで確認された主な星間分子
HD, CO, CO_2
NH_3, CH_4, SiH_4
C_2H_2, C_2H_4
$CCC, CCCCC$
C_6H_6 (benzene)
$C_{10}H_7CN$ (cyanonaphthalene)
…

ボルツマン定数
(Boltzmann constant)
$k = 1.38 \times 10^{-23}$ $[\mathrm{J\,K^{-1}}]$

で与えられ，分子の結合長で決
まる回転定数に比例する．それ
ぞれの回転量子数 J のエネル
ギー準位の分子数は温度によっ
て (5.22) 式で求められるので，
それぞれの準位からの遷移のス
ペクトル線強度を測定してやれ
ば，その分子の温度を推定する
ことができる．

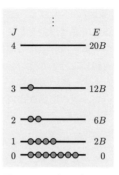

図 5.7　回転エネル
ギー準位の分子数

補足） **H_3^+ 分子**　宇宙空間では，元素としては水素が 99 ％
を占める．したがって，水素を含む星間分子が多く観測される
可能性は高いと考えられるが，H_2, H_2^+ は等核二原子分子であ
り，マイクロ波，赤外ではスペクトルは観測できない．そこで
注目されたのが H_3^+（**水素三原子分子カチオン**）であり，1980
年 12 月，シカゴ大学の岡武史博士が，実験室で高分解能赤外ス
ペクトルを観測するのに成功した．その後多くの星間空間で同
じ赤外スペクトルが観測され，木星の大気の発光スペクトルで
も H_3^+ の存在が確認された．

　H_2 分子は，二つの 1s 電子が共有結合を作ってとても安定で
あるが，H 原子をさらに結合させた H_3 分子は安定に存在する
ことができない．しかし，電子を一個取り去った H_3^+ 分子イオ
ンはある程度安定になり，岡博士は放電反応を巧みに制御して
スペクトル線を発見した．その後の詳しい解析の結果，H_3^+ は
正三角形の構造（図 5.8）をしていることが示された．星間空間
の H_3^+ の赤外スペクトルからは，宇宙での分子進化の過程，星
間空間の運動速度や温度の知見がえられ，その発見とその後の
詳しい研究が宇宙化学へ大きく貢献したことは，量子化学の有
用性が示された典型的な例である．

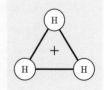

図 5.8　H_3^+ 分子

補足　ドップラー効果とスペクトル線のシフト　分子はある速度で並進運動をしている．いま，地球に向かって速度 v で近づいている分子が周波数 ν の電磁波を発したとすると，電波望遠鏡には分子が近づいた分だけ単位時間当たりに多くの波が届き，少し高い周波数 ν' で観測される．これをドップラー効果といい，次の関係式が成り立つ．

$$h\nu' = \left(1 + \frac{v}{c}\right) h\nu \qquad (5.24)$$

ここで，c は光速であり，分子の運動の速度に比例して，観測周波数は高くなり，スペクトル線の波長は短くなる．これを青方偏移（ブルーシフト）という．逆に分子が地球から遠ざかっているときは，(5.24) 式の符号がマイナスになり，スペクトル線の波長は長くなる．これを赤方偏移（レッドシフト）という．このように，星間分子のスペクトル線の波長は，分子の並進運動によってシフトしており，これを正確に測定することによって，星間空間での分子の移動速度を推定することができる（図 5.9）．

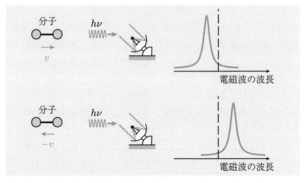

図 5.9　スペクトル線のドップラーシフト

　常温の気体分子の平均の並進速度はおよそ $500\,\mathrm{m\,s^{-1}}$ であり，光速に比べるとはるかに小さいのでドップラーシフトは小さく，通常のスペクトル測定ではあまり問題にならない．しかしながら，星間空間の中にはとても大きな速度で移動しているところもあり，地球上の実験室でもスペクトルと星間分子のスペクトルで，遷移波数が一致しないことが多い．

コラム　ジェイムズ ウェッブ（James Webb）宇宙望遠鏡（**JWST**）　2021 年 12 月，NASA（アメリカ航空宇宙局）が巨大な赤外宇宙望遠鏡の打ち上げに成功した．これは，宇宙で最初にできた星（first star）を見つけようという壮大なプロジェクトであるが，撮影された多くの銀河の画像はとても印象的で，科学者の予想を超える驚くべきものであった．できたての惑星や太陽のような恒星はかなりの高温になっていて，熱輻射で電磁波を放出するが，強度が大きいのは紫外から可視の波長領域の光であり，光速（$3 \times 10^8 \, \mathrm{m\,s^{-1}}$）で直進する．しかし，宇宙空間は膨張を続けているので，時間が経つにつれてその波長は長くなる．宇宙のはじまりはビッグバンで，それは 138 億年前と考えられているが，その初期に発せられた光が太陽系まで届くときには赤外領域の波長になる．JWST は，赤外光を感度良く検出できるように設計されており，精密に作られた大型の反射鏡によって，空間分解能も極めて高い．

　JWST の検出器の直前には特定の波長の赤外光だけを透過する光学フィルターがいくつか設置されており，これを切り替えることによって波長ごとの赤外光強度の空間分布をデータとして記録する．赤外光なので色はないが，見やすいように波長ごとに違う色で着色した画像が公開されている．

　赤外光の強度の波長依存性を多角的に解析すると，何年前に発せられた光なのかを推定できる．最近になって，136 億年前の星の光ではないかというデータが報告されていて，ビッグバンからわずか 2 億年後，宇宙の初期にできた星からの光が見つけられた可能性が高い．正しい結論を出すにはまだ時間がかかるが，このように宇宙から届く赤外光を観測することはとても重要で，これからも JWST から送られてくるデータに注目である．

星間分子の紫外・可視スペクトル　　星間分子の電子遷移は，主に紫外・可視領域にあり，地上に設置された天体望遠鏡を中心に，これまでに多くの撮像とスペクトルデータが蓄積されている．特に可視から近紫外の広い波長領域に多くのスペクトル線が観測され，**DIB**（Diffuse Intersteller Band）とよばれている．しかしながら，マイクロ波や赤外スペクトルとは違って，そのほとんどが帰属されておらず，スペクトル線を与える分子は同定されていない．波長が短い領域なので技術的に難しいのも理由の一つであるが，おそらく地球上では不安定なイオンやラジカルである可能性が高いとも考えられている．

　星間空間には，絶えず X 線や紫外線，宇宙線などの波長の短い電磁波やエネルギーの高い粒子があって，分子は解離したり電子を失ってイオンになったりと，不安定分子種になる確率が極めて高い．一方，分子の空間的な密度は小さいので，分子どうしが衝突して元の安定な分子に戻る確率は小さい．したがって，イオンやラジカルが DIB のスペクトル線を与えている可能性は高いと考えられるが，これらの不安定分子種の電子遷移のスペクトルを観測するのは地球上では難しい．2015 年，フラーレンのカチオン（$C_{60}{}^{+}$）のスペクトル線の波長が DIB の中のスペクトル線と一致したという報告がなされた．フラーレンは炭素の単体分子であり，切頭二十面体という球形に近い構造をもつ．このように大きな分子のカチオンが星間空間で見つかったというのは驚くべきことであったが，存在比が高い水素原子は一つもなく，電子を失ってカチオンになっていることもあって，高エネルギーの電磁波や粒子によって炭化水素が反応してできているとも考えられる．紫外や可視のスペクトル線が観測される星間空間では，地球上とは全く違う分子種が多く存在している可能性が高い．

（コラム）　ハッブル宇宙望遠鏡（**HST**）　紫外・可視・近赤外の波長領域の宇宙望遠鏡は地球上の多くの天文台に設置されているが，宇宙から届く光は大気の成分による吸収，微粒子による散乱，人工的な光などに影響され，スペクトル測定が困難なことも多い．そこで，宇宙空間に設置されたのが**ハッブル宇宙望遠鏡**（**HST**）であり，これまでに数多くの貴重なデータを送信してきた．

　その主鏡の直径は 2.4 m もあり，特殊な高分解能カメラとスペクトル測定のための精密分光器を備え，星間分子の吸収および発光スペクトル測定と，その空間分布撮像を積み重ね，数多くの研究成果の元となっている．分子の電子遷移は，主に近紫外から可視領域に観測され，電子励起状態の高振動エネルギー準位への遷移（**振電バンド**）が複数観測されるので，そのパターンを地球上で観測されたスペクトルと比較して星間分子を同定する．

　HST は，1990 年 4 月，スペースシャトルで打ち上げられたが，その後機械のトラブルが発生して，一時測定が中断された．しかし，その成果があまりに大きいことから，NASA はその修復を決定し，スペースシャトルの船外活動でほとんどの障害をクリアして，30 年以上経過した現在でも観測を続けている．

　宇宙が膨張しているのを発見したのがエドウィン ハッブル（Edwin Hubble）博士であるが，その膨張速度が加速していることを示したのは，HST の観測結果であった．そればかりでなく，多くの銀河の形状の撮像，その中心にあるブラックホールの発見など，数多くのデータが地上に送られ，HST の貢献は計り知れないほど大きい．HST はその役割を終えようとしているが，新たに X 線，紫外線，可視，近赤外と，人工衛星や宇宙望遠鏡の計画もなされており，宇宙のスペクトル観測はこれからも続いていくことであろう．

5.3 最新医療機器

人体内部の撮像　　レントゲン（Röntgen）は，放射性
物質から波長の短い電磁波が放出され，金属の容器を通
り抜けてくるのを発見した．この，波長が 0.01 nm くら
いのエネルギーの高い電磁波を **X 線**とよんでいるが，人
体に照射して透過した X 線の写真を撮影すると，人体内
の骨や臓器などの組織の形状を知ることができる．これ
が**レントゲン写真法**である．結核は感染症で肺の組織が
壊変する病気であるが，胸部のレントゲン写真を撮るこ
とによってその早期発見が可能となり，これまでに多く
の命を救ってきた．

　ただし，透過 X 線の写真撮影では三次元の立体的な構造
に対する情報が少なく，患部の正確な状態を明らかにする
ことはできない．そこで開発されたのが，**CT**（Computer
Tomography）**スキャン法**である．これは，人体のある
一つの断面に位置や角度を変えて X 線を照射し，それぞ
れの透過パターンをすべて記録してコンピュータで解析
して二次元平面の構造を正確に描く方法である．さらに，
人体を少しずつ動かして断面を移動（スキャン）させな
がらこの操作を繰り返すと，人体全体の三次元立体構造
を正確に記録することができる．

　レントゲン写真法も CT スキャン法も X 線を使用し
ているので，被曝によって健康被害が生じるリスクもあ
る．そこで，人体に悪影響の小さい音波を用いる方法も
開発されている．音波は物質によって伝播，反射され，山
びこのように跳ね返ってくるものもある．音波照射をい
くつかの角度で行ってその反射パターンを記録し，コン
ピュータで三次元立体構造を描き出す．この手法は，**エ
コー診断法**とよばれていて，母体内の胎児の観察などに
活用されている．

(補足)　**X 線や電子線による結晶構造の解析**　X 線はほとんど
の物質を透過するので，物質の内部の構造を調べるのに有効で
ある．結晶は，原子や分子が空間的に規則正しく配列されたも
のであるが，その構造を決定するのに，**X 線回折法**が広く用い
られている．単体の原子の結晶の場合を例にとると，原子が規
則正しく並んだ平面が必ず存在し，同じ平面が等間隔 (d) で積
層構造をとっていると考えることができる（図 **5.10**）．原子 A
で反射された X 線は，原子 B で反射された X 線と同じ方向で
重なるが，行路長が $\Delta x = 2d\sin\theta$ だけ異なり，その分波の位
相がずれる．しかし，Δx が X 線の波長の整数倍であれば位相
のずれが 0 になり，X 線は干渉によって強め合う．したがって，
X 線は特定の角度にしか反射されず，この現象を**回折**という．X
線の波長を λ，回折の角度を θ とすると，回折 X 線の角度につ
いては，次の式が成り立つ．

$$2d\sin\theta = n\lambda \qquad n = 1, 2, \ldots \qquad (5.25)$$

これを，**ブラッグ（Bragg）の反射条件**といい，結晶にあらゆる
方向から X 線を照射して回折角を測定すれば，複数の結晶面の
間隔が求まり，結晶内の原子配列を決定できる．

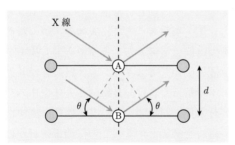

図 **5.10**　結晶での X 線の回折

　近年，この X 線回折法による結晶解析の手法が飛躍的に進歩
し，原子数が数万個もあるタンパク質分子の構造もわかるよう
になった．これによって，複雑な生体機能のメカニズムを解き
明かすことも可能となり，生命化学の研究も大きく進展した．

MRI（磁気共鳴画像法）　H 原子の核スピンの副準位間の遷移を観測するのが**核磁気共鳴**（**NMR**：Nuclear Magnetic Resonance）であるが，これに特殊な観測法を組み合わせると，生体内の組織を高分解能で撮像し，その三次元立体構造を正確なデータとして記録することができる．これを，**磁気共鳴画像法**（**MRI**：Magnetic Resonance Imaging）とよんでおり，いまや最先端医療では欠かせない検査機器となっている．

　H 原子は，原子核スピン角運動量をもち，その大きさは $I = \frac{1}{2}$ である．二つの副準位（$m_I = +\frac{1}{2}$ と $m_I = -\frac{1}{2}$）のエネルギーは磁場によって分裂し，そのエネルギー差に対応する周波数（$100 \sim 400\,\mathrm{MHz}$）の電波を照射すると，その間の遷移が起こる．それによって励起された原子核スピンは一定の時定数で緩和して元の状態に戻るが，この緩和時間が組織によってわずかに異なる．たとえばがん細胞では通常より少し短い時間で元の副準位に戻るので，その成分を区別して撮像することができる．磁場のかけ方に工夫をすることで，人体の一つの断面の二次元構造を短時間に撮像することができ，人体を少しずつ磁場の位置に動かしてスキャンし，撮像を繰り返してコンピュータで解析すれば，最終的に人体全体の三次元構造を高い分解能で記録できる．高い性能を出すためにかなり強い磁場を必要とするので超伝導電磁石が使われているが，高い技術で安全性が保たれていて，従来は X 線を用いたレントゲン写真法や CT スキャン法によって行われていた人体内部診断が，安全かつ高精度にできるようになった．基礎的な量子化学で開発された核磁気共鳴（NMR）を応用し，社会に多大な貢献をした最高水準の研究成果である．

[補足]　**核磁気共鳴（NMR）**　H 原子の原子核スピン角運動量の二つの副準位（$m_I = +\frac{1}{2}$ と $m_I = -\frac{1}{2}$）のエネルギーは磁場によって分裂するが，そのエネルギーの変化は次の式で与えられる．

$$E_Z = g_N \mu_N m_I H \qquad (5.26)$$

これを，**ゼーマン（Zeeman）効果**という．ここで，g_N は核の**g 値（g 因子）**とよばれる定数で，H 原子では $g_N = \frac{1}{2}$ である．μ_N は**核磁子**とよばれる定数，H は磁場の強さを表す．二つの副準位は磁場の強さに比例して分裂するが，ある特定の磁場でそのエネルギー差に対応する周波数の電波を照射すると，H 原子はそれを吸収して，$m_I = +\frac{1}{2}$ の準位から $m_I = -\frac{1}{2}$ の準位へと遷移する．これを，**核磁気共鳴（NMR）**という（図 **5.11**）．磁場の大きさを変えながら電波の吸収を観測したのが NMR スペクトルであるが，特に有機分子では複数の H 原子があって，分子内でそれぞれの状況が異なるので共鳴磁場がシフトする．これは主に，原子核スピン自身が磁気モーメントをもつので，外部磁場を一部遮蔽することに由来する．その効果は官能基によって固有の値を示し，CH_2, CH_3, OH, COOH, NH などをある程度識別することができる．これを**化学シフト**とよんでおり，文献値と観測された化学シフトの比較からどのような官能基をもっているかを推定する．さらに，複数の等価な H 原子があるときには特有のスペクトル分裂が観測され，それらを総合して検討し，分子構造を詳細に決定できる．

核磁子　μ_N

$$\mu_N = \frac{e\hbar}{m_H}$$

m_H は陽子の質量.

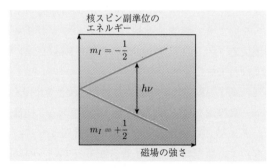

図 **5.11**　NMR（核磁気共鳴）

PCR 検査 （Polymelase Chain Reaction）

　DNA は立体的に二重らせん構造をとっており，鎖のようなヌクレオチドに枝分かれのように核酸塩基が結合している．核酸塩基には，たとえば人間ではアデニン（A），グアニン（G），シトシン（C），チミン（T）の四種類があるが，A–G と C–T だけは水素結合によって対を作る．この対が二つのヌクレオチドを橋渡しのように結びつけ，全体にねじれて二重らせんを形成している．人間ではおよそ 30 億の核酸塩基対があり，AGCT の配列が遺伝情報を担っている．細胞が分裂するときにはこの二重らせんが解けて対の片方だけになるが，決まった核酸塩基と酵素反応で結合して対を再生するので，遺伝情報を保持しながら DNA が増殖されることになる．

　バクテリアやさらに小さいウイルスも DNA や RNA をもち，細胞分裂して増殖する．PCR 検査は，特定のウイルスがもつ DNA や RNA の一部を増殖させて検査試薬とし（プライマー），検体とともに増殖酵素反応を繰り返す．検体中にウイルスが存在していたら，選択的にその DNA や RNA が増殖し，検出試薬やけい光物質で検知されるようになっている．プライマーと同じ塩基配列をもった DNA や RNA でないと酵素増殖連鎖反応が起こらないように酵素を選択してあるので，ポリマー酵素連鎖反応（PCR：Polymelase Chain Reaction）検査法とよばれている．

　感染の減化や重症化の抑制に有効な方法として，メッセンジャー RNA（mRNA）ワクチン接種がある．mRNAとは，タンパク質を合成するための設計図とも言われているもので，新型コロナウイルスがもっているのと同じものを大量に増殖させ，これを脂質の膜で包んだものをワクチンとして，人間の体内に接種する．

mRNA ワクチン
従来のワクチンは病原体自体を弱毒化して接種し，免疫機能を活性化していたが，長年の研究で mRNA を接種するだけでも高い確率で免疫機能が働くことがわかった．これによって，短時間に大量のワクチンを作成することができ，世界的な大規模感染への対応が可能となった．

光を利用した医療機器　人間の体温をビデオカメラで測定できるようになって，健康状態の診断がとても簡便になった．これは，物質の熱輻射による赤外スペクトルが温度によって変化するのを利用していて，半導体を用いた特殊な赤外検出器で赤外光の波長ごとの強度を測定し，適当な関数近似の数式から温度を判定するものである．従来の温度測定法では，物質と検出器を熱接触させて同じ温度にし，物質の膨張や金属の熱起電力を測定して温度を判定していたが，赤外光による測定では，物質に何かを接触させることなく短時間で正確な温度を測定することが可能である．

　血液中に酸素が取り込まれると鮮やかな赤色になるが，これは 665 nm の波長の光の吸収強度が小さくなるためである．そこで，この波長領域の光の吸収強度を測定すると，血液中に酸素がどれくらい取り込まれているかを推定することができる．これが，**パルスオキシメーター**の原理であり，光源としては半導体レーザーを用い，指先を検出装置に差し込んで，透過光強度が測定できるようになっている．

　血液検査をすると，多くの種類の成分の量を細かく知ることができるが，これにも光の吸収スペクトル測定法が活用されている．血液中にはアルブミン，グロブリンなどのタンパク質や，グルコース，アルカリイオン（Na^+，K^+），コレステロール，尿酸といった生命維持に欠かせないさまざまな物質が含まれているが，その量を測定することが健康状態の判定にとても重要である．多くの物質はそのままでは定量することはできないが，特殊な酵素を使って吸収スペクトルで測定可能な物質に変化させ，スペクトル強度からその量を決定している．

放射線を利用した医療　　人体内部の診断や治療には，人体を透過する放射線が必要となる場合もある．脳血管内の血流の異常は MRI や CT スキャンでは発見しにくい．そこで，脳の血液に微量の放射性物質を注入し，放射線を継続的に検出して血液の流れを詳細に追跡する．この方法は **SPECT 検査**とよばれ，脳障害の評価に用いられる高度な医療である．

　放射線はエネルギーが高く，物質を透過すると同時に分子を破壊する能力も高いので，がんの治療にも利用されている．**光線力学的療法**（**PDT**：Photodynamical Therapy）では，体内に腫瘍親和性光感受性物質を注入し，がん細胞がそれを取り込んだところにレーザー光を照射する．光感受性物質はレーザー光を吸収し，それが熱エネルギーとなって病床体の部分を壊死または縮小させる．この手法では，健常な細胞がレーザー光を吸収する量が少なく，副反応障害のリスクを最小限に抑え，効果的な治療が可能である．

> （コラム）　**陽子線と重粒子線**　　がん細胞によっては，レーザー光や X 線のような電磁波では破壊できないものもあり，加速された陽子などのように，破壊力の大きい粒子線を用いた治療法も開発されている．陽子は H 原子の原子核であり，＋の電荷をもっているので電場によって加速すると，人体組織を透過して患部まで到達でき，エネルギーも高いのでがん細胞を破壊することも可能である．
>
> 　近年，その効果をさらに高くするために，C 原子の原子核を利用する治療法が開発され，**重粒子線治療法**とよばれている．C 原子核は質量も大きく，がん細胞を破壊する力は強くなる．原子核による化学反応は，最先端医療に大きく貢献している．

補足 **レーザー医療** レーザー光は，単色性や指向性にすぐれ，特殊な機能を必要とする医療機器に広く応用されている．また光の波の位相が揃っているので集光の歪みなどが少ないし，0.1 mm 程度の微細な光ファイバーで体内に導くこともできるので，通常のランプなどの光ではできない特殊な治療が可能である．同時に微小なカメラも導入して，組織や臓器の撮像をするのにも有用であるが，照射したレーザー光の透過光強度を検出することで組織内の異物や病巣を検知することもでき，**レーザー診断法**とよばれている．これによって，目では見ることのできない部分にある病巣の切除や有害物質の破壊などの治療が行われている．

　レーザー光は単色性に優れ，その種類によって光の波長が決まっている（表 5.4）．吸収する光の波長は物質によって異なるので，治療の目的に応じて最適な波長のレーザーを選択する．たとえば CO_2 レーザー光は赤外光であり，集光照射すると高温になるので，レーザーメスなどに用いられる．YAG レーザーは緑色の光で有色有害物質によく吸収されるので，その治療に有用である．

表 5.4　レーザー光の波長

レーザーの種類	光の波長
CO_2 レーザー	10.6 μm
Nd YAG レーザー	1.06 μm
Nd YAG レーザー	532 nm
Ar イオンレーザー	514 nm
GaN 半導体レーザー	405 nm

　レーザー光は指向性も高く，レンズなどの光学素子によって精密に照射位置を制御できる．また，特定の物質だけを反応させることも可能なので，目の虹彩や硝子体の手術，歯の治療処置や殺菌，がん細胞を破壊する手術などにもレーザー光は活用されている．

5.4 半 導 体

半導体物質　　電気がよく流れる物
質を**電導体**（**電気伝導体**）というが，
その中では負の電荷をもった電子が
原子や分子の間を移動できるように
なっている．金属原子は多数の電子
をもち，正の電荷をもつ原子核の周

図 5.12　金属の中
の自由電子

りを取り囲んで原子核どうしの電気的な反発を打ち消し
ているので，原子が規則的に並んで高密度の結晶を形成
する．したがって，金属は一般に硬くて重い．また，電
子は容易に原子核から離れて移動することができる（図
5.12）．これを**金属電子**あるいは**自由電子**というが，金属
の両端に電圧をかけると自由電子が電位の高い方に移動
し，逆方向に電気が流れる．

　それぞれの物質に固有の電気の流れにくさを，**電気抵
抗率**（単位はオームメートル：Ω m）で表す（表 5.5）．
電導体である金属は電気抵抗率の値は小さく，電子回路
の導線などに用いられる．これに対して，ガラスやプラ
スチックなどでは電
気はほとんど流れな
い．これらは**絶縁体**
とよばれ，原子や分
子が強い化学結合で
結ばれていて，電子
がその間を移動する
ことができない．電
子回路や電気機器で
は電流を遮断しなけ
ればならない箇所も
あり，絶縁素材とし
て利用される．

表 5.5　物質の電気抵抗率

物　質	電気抵抗率 [Ω m]
石英ガラス	8×10^{17}
雲母	$10^{13} \sim 10^{16}$
ポリエチレン	$10^{12} \sim 10^{14}$
純水	2.5×10^{5}
ケイ素（Si）	4.0×10^{3}
ゲルマニウム（Ge）	0.7
炭素（C）	1.6×10^{-5}
ニクロム	1.1×10^{-6}
鉄（Fe）	1.0×10^{-7}
アルミニウム（Al）	2.7×10^{-8}
銅（Cu）	1.7×10^{-8}

　電導体と絶縁体の中間の電気抵抗率をもった物質を**半導体**（semiconductor）といい，代表的なのはケイ素（Si）の結晶である（図 **5.13**）．Si 原子の原子価は 4 で，C 原子と同じように四つの混成軌道を不対電子が一つずつ占有している．結晶では，すべての電子が σ 結合を担っていて，原子間を移動することはほとんどないが，熱運動や結晶の不完全性によってわずかではあるが電子が原子から離れることが可能となる．すると，元の σ 結合の軌道で電子が一個空になり，これを**空孔（ホール）**とよんでいる．現在では，極めて純度の高いケイ素の結晶が作られているが，このような単体元素の半導体を**真性半導体**という．

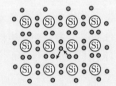

図 **5.13**　ケイ素の結晶

　しかしながら，高純度ケイ素結晶の電気抵抗率は電導体に比べるとはるかに大きく，ほとんど絶縁体と考えてよい．そのため，電流の制御を目的とするデバイスの素材としては適切ではなく，これに他の元素を少量加え電導性を高めたものがよく用いられる．これを**不純物半導体**という．よく用いられるのが **n 型半導体**と **p 型半導体**であり，これらを組み合わせてダイオードやトランジスタといった電流制御のデバイスが作られている．さらに，GaN や InAs などの**化合物半導体**も多く開発されており，光センサーや発光ダイオードなど，最新機器の基本パーツとして，広く応用されている．

電子とホールの移動

ホールができるとそこに他の原子で結合を担っていた電子が移動してくるが，その元のところに新たなホールができるので，結果的にはホールが移動していると考えてよいことになる．

n 型半導体と p 型半導体　　ケイ素（Si）結晶に少量の
リン（P）を加えると，P 原子は価電子を五個もっている
ので，周りの Si 原子と四つの σ 結合を作っても電子が一
個余った状態になり，金属の自由電子のように原子間を
移動できるようになる．この物質の両端に電圧をかける
とこの電子は＋極の方へ移動し，その逆の方向に電気が
流れる．これを **n 型半導体**という（図 **5.14**）．

　ケイ素（Si）結晶に少量のホウ素（B）を加えると，B
原子は価電子を三個しかもっていないので，周りの Si 原
子と四つの σ 結合を作っている軌道の電子が一個空にな
り，ホールができる．この物質の両端に電圧をかけると
ホールは−極の方へ移動し，その方向に電気が流れる．
これを **p 型半導体**という（図 **5.15**）．

　n 型半導体も p 型半導体も，電圧をかけるとある程度
の電気が流れるのは同じであるが，極性が異なるので用
途によって使い分ける．しかしながら，不純物半導体の
利点は組み合わせて使うところにあり，n 型半導体と p
型半導体を接合すると，整流作用などの特殊な機能を発
揮することができる．

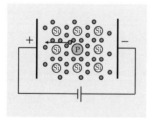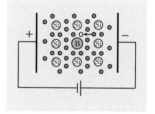

図 5.14　n 型半導体　　　　図 5.15　p 型半導体

(補足)　**pn 接合と整流作用**　 p 型半導体と n 型半導体をなめら
かに接合させる（**pn 接合**：図 5.16）と，電流の方向を制御する
ことができる．p 型半導体にはホール，n 型半導体には自由電子
があり，p 型の方が＋になるように電圧をかける（**順バイアス**）
と，ホールも自由電子も接合面（ジャンクション）の方向へ移
動する．そこで接触した電子とホールは消滅し，それを補うよ
うに，＋の電極からは電子が，－の電極からはホールが放出さ
れて，回路に電流が流れる．逆に，p 型の方が－になるように電
圧をかける（**逆バイアス**）と，ホールも自由電子も接合面とは
逆の方向へ移動し，接合面付近には電子もホールも存在しない
領域（**空乏層**）が生じる．この場合は，電子もホールも電極か
ら出ることができず，回路に電流は流れない．

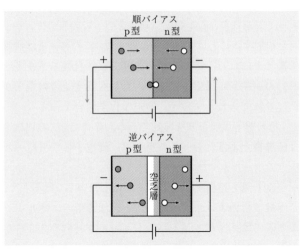

図 **5.16**　 pn 接合

　このように，pn 接合では単一の方向にしか電気が流れず，い
わば電流の弁のような働きをさせることができる．これを**整流
作用**といい，たとえば交流電流を直流電流に変換したり，電流
のスイッチングなどの機能をもたせて，多くの場合はダイオー
ドとして，電子機器の制御に利用されていることが多い．

バンド理論　　Si 原子には四個の価電子があり，すべて不対電子として一つの混成軌道を占有している．Si 原子が二個結合すると，H_2 分子と同じように結合性と反結合性の二つのエネルギー準位ができ，二個の電子は結合性の軌道に入って電子対を作る．Si 原子が四個結合すると，結合性と反結合性の軌道が二つずつになり，さらに Si 原子の数が増えていくと，エネルギー準位の数も増え，準位間のエネルギー間隔は小さくなる．結晶では原子数はほぼ無限であるので，その極限を考えると，結合性と反結合性のエネルギー準位の連続帯ができることになる．結合性エネルギー準位の連続帯にはすべて電子が二個ずつ入って対を作り，安定な化学結合を担っているので，原子間を移動することはできない．そこで，この連続帯は**価電子帯**とよばれる．エネルギーの高い反結合性エネルギー準位の連続帯には電子はなく，もしも価電子帯の電子が励起されてきたとすると，安定な化学結合を作らないので，その電子は原子間を移動できる．そこで，この連続帯は**伝導帯**とよばれる．この場合は，価電子帯から電子が抜けてホールができていることになり，価電子帯ではホールが原子間を移動すると考えることもできる（図 5.17）．

　価電子帯のエネルギーの上限と，伝導帯のエネルギーの下限のエネルギー差を**バンドギャップ**という．これが大きいのが絶縁体であり，半導体では比較的小さくなっている．n 型半導体では，真性半導体よりも電子数が多く，その一部は伝導帯を占有していて原子間を移動できるので，順バイアスの電圧をかけると一定の電流が流れる．

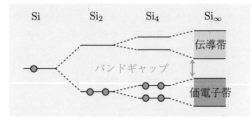

図 5.17　バンド理論

　逆に，p型半導体では，真性半導体よりも電子数が少ないので，価電子帯にホールが存在し，これも同じように，順バイアスの電圧をかけると一定の電流が流れる（図5.18）．

ダイオード　　p型半導体とn型半導体を接合した素子を**ダイオード**という．価電子帯の上限と伝導帯の下限のエネルギーは，n型半導体の方が少し小さくなっているが，p型の方が＋になる（順バイアス）ように電圧をかけると，電子とホールが近づくので，そのエネ

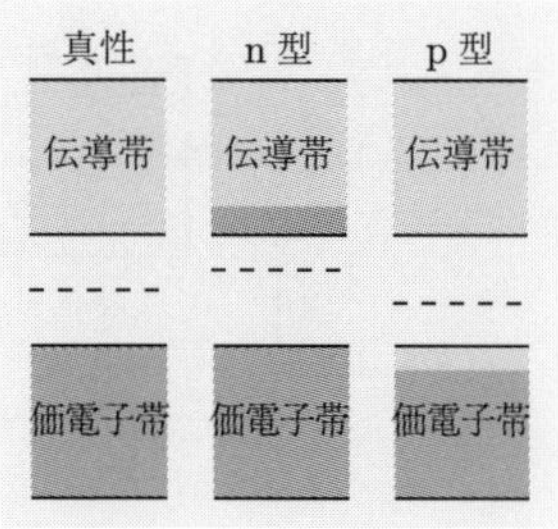

図 5.18　真性半導体と不純物半導体

ルギー差が小さくなる．すると，n型半導体の伝導帯にある電子はバリアーが低くなってp型半導体へ流れ込み，電極の間に大きな電流が流れる（図5.19）．

　p型の方が－になる（逆バイアス）ように電圧をかけると，電子とホールが離れるので，そのエネルギー差が大きくなり，n型半導体の伝導帯にある電子はバリアーが高くなってp型半導体へ流れ込むことができず，電流は流れない．

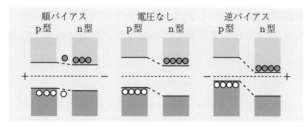

図 5.19　ダイオードのバンド理論

npn トランジスタ

npn トランジスタ　　n 型–p 型–n 型と三つの不純物半導体を接合すると，増幅やスイッチングなどの電流制御をすることができる．これを **npn トランジスタ**という（図 5.20）．

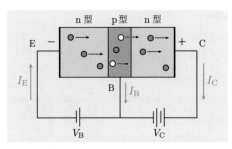

図 **5.20**　npn トランジスタ

　エミッター（E）とベース（B）の間に電圧がかかっていないときは，ベース（B）とコレクター（C）の間が逆バイアスになっているので，ベース電流（I_B），コレクター電流（I_C）ともに 0 になる．ベースに正の電圧（V_B）をかけると，エミッター（E）とコレクター（C）の間がダイオードの順バイアスと同じになり，p 型半導体に電子が流れ込み，エミッター電流（I_E）が流れる．流れ込んだ電子の一部はホールと結びついて消滅し，ベース電流（I_B）となるが，p 型のベース層の厚さを 10 μm 程度にすると，流れ込んだ電子のほとんどがコレクターとの接合部まで達し，コレクターとベース間の電圧によってコレクターにまで流れ込んで，コレクター電流（I_C）となる．三つの電流の間には

$$I_C = I_E - I_B$$

の関係が成り立つが，通常 I_B は I_E の 1~5 % であり，I_C は I_B に比べてかなり大きい．$\frac{I_C}{I_B}$ を **電流増幅率**というが，npn トランジスタを用いると，ベースに加える電圧によって，そこに流れる電流に比例した大きな電流をえることができる．これがトランジスタの電流増幅作用で

あるが，ベース電圧を変えることによって増幅率を制御することができ，用途は極めて広い．

(補足)　**受発光ダイオード**　pn 接合した半導体で，接合部付近で内部電場が発生するダイオードでは，そこに光を照射するだけで電流が流れる特性をもつ（図 5.21）．これを**フォトダイオード**（**PD**：photodiode）という．接合部に電場があると，電圧をかけなくても空乏層が形成され，そこに光を照射すると，p 型半導体ではホール，n 型半導体では電子が生成して電極へ移動し，回路に電流が流れる．光量の測定や光センサー，ソーラーパネルなどに広く用いられている．

　また，pn 接合した半導体の接合面で電子とホールが接触消滅するときに光を放出するものも開発され，**発光ダイオード**（**LED**：Light Emitting Diode）とよばれている（図 5.22）．放出される光のエネルギーはバンドギャップに対応しているので，基本的には単色であるが，長年の研究の成果として，可視領域全体にわたって強力な光が出せる特殊な化合物が開発された．代表的なものは，GaN, GaAs, InAs などの化合物で，これらの化合物半導体は，受発光機能をもっているばかりでなく，高速性，磁気感受性，耐熱性にすぐれ，用途に応じて最適な化合物が開発され利用されている．

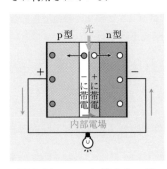

図 5.21　フォトダイオード

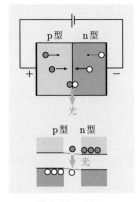

図 5.22　LED

（補足）　**超伝導**　金属電子は，高温になると熱運動で拡散される確率が大きくなって原子間の移動の効率が低下するので，温度が上昇するとともに金属の電気抵抗率は大きくなる．逆に，金属を冷却すると電気抵抗率は小さくなって電気伝導性が高くなるので，極低温に到達できれば電気伝導が極めて高い状態になることが予想される．カマリング オネス（Kamerlingh Onnes）は，世界ではじめてヘリウム（He）の液化に成功し，4.2 K の極低温を実現した．そして多くの金属で電気抵抗率の測定を行い，1911 年，ついに水銀（Hg）の電気抵抗が 0 になることを発見し，これを**超伝導状態**（superconductive state）と名付けた．

　電気抵抗が 0 ということは，電圧をかけると無限大の電流が流れるということであり，超伝導体でコイルを作ると，その中心に極めて大きい磁場を発生させることができる．これが**超伝導電磁石**で，MRI やリニアモーターカー，最近では超伝導型量子コンピュータなどの最先端機器の実現に大きく貢献している．

　従来は液体ヘリウム温度（4.2 K）で超伝導状態になる NbTi 合金などが用いられてきたが，近年液体窒素温度（77 K）でも超伝導状態になる化合物が発見され，**高温超伝導体**とよばれて注目されている．取扱いが容易になり，コストも抑えられることから，強い磁場を必要とする産業機器での実用化が急速に進んでいる．

　さらに高い温度で超伝導状態が実現できないかという研究がいまでも盛んに行われていて，低コストで簡便に使用できる強力な磁場が実現される日は近いかもしれない．

コラム　**半導体を利用した集積回路**　半導体物質に化学処理や微細加工を施すことで，ダイオードやトランジスタ，スイッチングや電圧変換素子などの高性能の電子部品を作ることができる．一方で，IT 機器や最新電気機械を制御しようとすると，それらに加えてセンサーや演算回路，そしてマイクロコンピュータが必要になり，従来は大掛かりな装置を構築しなければならなかった．しかし，近年の科学技術の進歩により，多くの素子や回路を微小なパッケージの中に収めることができるようになった．これを**集積回路（IC）**といい，ほとんどすべての PC や家庭電化製品に用いられている．ケイ素の結晶をはじめとする半導体物質を作ることも重要であるが，現代社会を支えている電子機器や産業機械を機能させるためには，半導体をリソースとした最先端の集積回路，さらにそれを組み合わせたサイズの小さいシステムデバイスを作ることが何より大事である．

　社会情勢が変化して，「半導体不足」が問題になっているが，これはケイ素やゲルマニウムなどの半導体物質が足りないということを言っているのではなく，それを利用した電子部品や集積回路の製作が十分でないということである．かつてはこのような製品を我が国が多く作っていたが，現在の国内生産量は少ない．経済的な問題が主な理由であるが，結果として基礎科学の研究や技術開発が疎かになり，悪循環となって大事なものが失われていきつつあるのは確かである．

　量子化学は，半導体の開発にも重要な基礎学問であるが，社会への有用性が直接感じられないので，教育課程の中心にはなっていない．しかしながら，化学物質の理解には欠かせないものであり，巧みに応用して，高度な物質文明社会を維持していくことが大切である．

演習問題 第5章

5.1 質量数 139 のヨウ素 (^{139}I) の半減期は 30 年である. その放射線の強さが現在の $\frac{1}{1000}$ 以下になるのに何年かかるかを予測せよ.

5.2 オゾン (O_3) の 254 nm の紫外光のモル吸光係数は, 7×10^3 mol^{-1} L cm^{-1} である. 地球のオゾン層は, すべてのオゾンを集めて 1 atm の圧力にすると, 25 °C で厚さ 3 mm になる. 太陽光の 254 nm の紫外光の透過率 (入射光の強度に対する透過光の強度の割合) は何％になっているかを求めよ. また, その厚さが 1 μm に減少したら, 透過率がどれくらいになるかを試算せよ.

5.3 (5.19) 式を導け. また, 半減期と寿命 ([A] が [A]$_0$ の $\frac{1}{e}$ になる時刻) の間の関係式を導け.

5.4 現在の宇宙の膨張速度は, 2.2×10^{-18} sec^{-1} (**ハッブル定数**) であり, これは 1 秒間に宇宙の長さが元に比べてどれくらい増加するかを表す定数である. 130 億年前に発せられた 500 nm の光は, 現在では何 nm の波長で観測されるかを予測せよ.

5.5 磁場の強さが 9.4 Tesla のとき, H 原子核スピンの NMR の共鳴周波数はいくらになるかを求めよ. ただし,

$$g_N = 5.585, \quad \mu_N = 5.05 \times 10^{-27} \text{ [J Tesla]}$$

であり, 1 J は 1.509×10^{33} Hz に対応する.

5.6 ニクロムの電気抵抗率は 1.1×10^{-6} Ω m である. 断面積 1 mm^2, 長さ 1 m のニクロム線に 100 V の電圧をかけたら, 何 A の電流が流れるかを計算せよ.

5.7 GaN のバンドギャップは 3.4 eV である. LED の発光の最強波長は, 実際はバンドギャップの 85 ％ のエネルギーに対応する. GaN の LED 発光は何色かを予想せよ. ただし, 1 eV は 8000 cm^{-1} に対応する.

演習問題略解

第 1 章

1.1 $\displaystyle 2 \times \sum_{l=0}^{n-1}(2l+1) = 4\sum_{l=0}^{n-1}l + 2n = 4 \times \frac{1}{2} \times n(n-1) + 2n$

$$= 2n(n-1) + 2n = 2n^2$$

$n = 1$ の K 殻には最大二個，$n = 2$ の L 殻には最大八個まで電子が占有できる.

1.2 質量 m の粒子のエネルギーは運動エネルギーとポテンシャルエネルギーの和で

$$E = \frac{1}{2m}(p_x{}^2 + p_y{}^2 + p_z{}^2) + U(x, y, z)$$

で与えられる. (1.13) 式を使って，運動エネルギーの部分を演算子に直すと

$$\widehat{H} = -\frac{\hbar^2}{2m}\left(\frac{\partial^2}{\partial x^2} + \frac{\partial^2}{\partial y^2} + \frac{\partial^2}{\partial z^2}\right) + U(x, y, z)$$

となり，ハミルトン演算子が導かれる.

1.3 (1.10) 式から，二次元箱の中の粒子のハミルトニアンは

$$\widehat{H} = -\frac{\hbar^2}{2m}\left(\frac{\partial^2}{\partial x^2} + \frac{\partial^2}{\partial y^2} + \frac{\partial^2}{\partial z^2}\right) + U(x, y, z)$$

と表され，そのエネルギー固有値は $E = \dfrac{1}{2m}(p_x{}^2 + p_y{}^2 + p_z{}^2) + U(x, y, z)$.

1.4 $\lambda = \dfrac{6.626 \times 10^{-34}}{3.84 \times 10^{-26} \times 10^3} = 1.73 \times 10^{-11}\,[\text{m}] = 17.3\,[\text{pm}]$.

1.5 最も波長の長いのは $n = 2$ の準位への遷移. 波長は

$\lambda = \dfrac{1}{R_\infty\left(\frac{1}{1^2} - \frac{1}{2^2}\right)} = \dfrac{1}{1.1 \times 10^7 \times 0.75} = 1.21 \times 10^{-7}\,[\text{m}] = 121\,[\text{nm}]$.

1.6 $\dfrac{dI(r)}{dr} = 16a_0{}^{-3}\pi\left\{2re^{-\frac{2r}{a_0}} + r^2\left(-\frac{2}{a_0}\right)e^{-\frac{2r}{a_0}}\right\}$

$$= 32a_0{}^{-3}\pi r^2 e^{-\frac{2r}{a_0}}\left(1 - \frac{r}{a_0}\right) = 0.$$

したがって，動径分布関数は $r = a_0$，ボーア半径で極大になる.

1.7 波数の逆数は波長になり，Li の $14900\,\text{cm}^{-1}$ は $671\,\text{nm}$ で赤色，Na の $16980\,\text{cm}^{-1}$ は $589\,\text{nm}$ で黄橙色である.

1.8 角運動量の合成の規則から，S と m_S のとりうる値は次のようになる.

$$S = 1 : m_S = 1, 0, -1, \qquad S = 0 : m_S = 0$$

1.9 $\boldsymbol{l} \cdot \boldsymbol{s} = \dfrac{1}{2}(j^2 - l^2 - s^2) = \dfrac{1}{2}\{j(j+1) - l(l+1) - s(s+1)\}$.

第2章

2.1 $S = 0.1$ とすると，$E = 2 \times \dfrac{\alpha + \beta}{1.1} + 2 \times \dfrac{\alpha - \beta}{0.9}$. $\mathrm{He_2}$ 分子のエネルギーはわずかに二つの He 原子のエネルギーより大きくなり，$\mathrm{He_2}$ 分子は安定に存在しないと予想される.

2.2 $\phi_1(\mathrm{sp}^2) = \dfrac{1}{\sqrt{3}} \psi_\mathrm{s} + \sqrt{\dfrac{2}{3}}\, \psi_{\mathrm{P}x}$

$\phi_2(\mathrm{sp}^2) = \dfrac{1}{\sqrt{3}} \psi_\mathrm{s} - \dfrac{1}{\sqrt{6}} \psi_{\mathrm{P}x} + \dfrac{1}{\sqrt{2}} \psi_{\mathrm{P}y}$

$\phi_3(\mathrm{sp}^2) = \dfrac{1}{\sqrt{3}} \psi_\mathrm{s} - \dfrac{1}{\sqrt{6}} \psi_{\mathrm{P}x} - \dfrac{1}{\sqrt{2}} \psi_{\mathrm{P}y}$

2.3 ヒュッケル近似では $S_{ij} = 0$ なので，$c_i{}^2$ だけが残り，(2.29) 式

$$c_1{}^2 + c_2{}^2 + \cdots + c_n{}^2 = 1$$

がえられる.

2.4 2.1 節の (補足) 永年方程式の導出 の一番目の式で

$$\int \left(\sum_i c_i \psi_i \right)^2 d\tau = S_{ii}, \quad \int \left(\sum_i c_i \psi_i \right) \widehat{H} \left(\sum_i c_i \psi_i \right) d\tau = H_{ii}$$

であるので，これを $i = 1, 2, \ldots, n$ で繰り返すと次がえられる.

$$c_1 H_{11} + c_2 H_{12} + \cdots + c_n H_{1n} = E(c_1 S_{11} + c_2 S_{12} + \cdots + c_n S_{1n})$$

2.5 たとえば，$S = 0.1$ を代入すると次のようになる.

$$\varepsilon_1 = \frac{\alpha + \beta}{1 + S} = 0.91(\alpha + \beta), \quad \varepsilon_2 = \frac{\alpha - \beta}{1 - S} = 1.11(\alpha - \beta)$$

固有関数は

$$\phi_1 = \frac{1}{\sqrt{2.2}} (\psi_1 + \psi_2),$$

$$\phi_2 = \frac{1}{\sqrt{1.8}} (\psi_1 - \psi_2)$$

2.6 エネルギー固有値：$\varepsilon_1 = \varepsilon_2 = \alpha + \beta, \quad \varepsilon_3 = \varepsilon_4 = \alpha - \beta$

固有関数：$\phi_1 = \dfrac{1}{\sqrt{2}} (\psi_1 + \psi_2), \quad \phi_2 = \dfrac{1}{\sqrt{2}} (\psi_3 + \psi_4),$

$$\phi_3 = \frac{1}{\sqrt{2}} (\psi_1 - \psi_2), \quad \phi_4 = \frac{1}{\sqrt{2}} (\psi_3 - \psi_4)$$

2.7 $\rho_\pi(1) = 2 \times (0.3717)^2 + 2 \times (0.6015)^2 = 1$

$\rho_\pi(2) = 2 \times (0.6015)^2 + 2 \times (0.3717)^2 = 1$

第3章

3.1 $\quad f = f_A + f_B = m_A \dfrac{d^2}{dt^2} x_A + m_B \dfrac{d^2}{dt^2} x_B$

$\qquad = \left\{ m_A \left(\dfrac{m_B}{m_A + m_B} \right)^2 + m_B \left(\dfrac{m_A}{m_A + m_B} \right)^2 \right\} \dfrac{d^2}{dt^2} x$

$\qquad = \left(\dfrac{m_A m_A}{m_A + m_B} \right) \dfrac{d^2}{dt^2} x = \mu \dfrac{d^2}{dt^2} x$

3.2 $\quad \omega_e(H_2) = \dfrac{1}{2\pi c} \sqrt{\dfrac{k}{\mu}} = \dfrac{1}{2 \times 3.14 \times 3 \times 10^8 \,[\mathrm{m}]} \sqrt{\dfrac{575 \,[\mathrm{N\,m^{-1}}]}{8.35 \times 10^{-28} \,[\mathrm{kg}]}}$

$\qquad = 4405 \,[\mathrm{cm^{-1}}]$

$\qquad \omega_e(D_2) = \dfrac{1}{2\pi c} \sqrt{\dfrac{k}{\mu}} = \dfrac{1}{2 \times 3.14 \times 3 \times 10^8 \,[\mathrm{m}]} \sqrt{\dfrac{575 \,[\mathrm{N\,m^{-1}}]}{1.67 \times 10^{-27} \,[\mathrm{kg}]}}$

$\qquad = 2543 \,[\mathrm{cm^{-1}}]$

3.3 $\quad k = (2 \times 3.14 \times 3 \times 10^8 \times 21500)^2 \times 1.06 \times 10^{-25}$

$\qquad = (4.05 \times 10^{13})^2 \times 106.0 \times 10^{-27} = 174 \,[\mathrm{N\,m^{-1}}]$

$\qquad R = \sqrt{\dfrac{\hbar}{8\pi^2 c \mu B}} = \sqrt{\dfrac{6.626 \times 10^{-34}}{8 \times 3.14^2 \times 3 \times 10^8 \times 106.0 \times 10^{-27} \times 0.037}}$

$\qquad = 0.267 \,[\mathrm{nm}]$

3.4 $\quad \omega_e(H^{37}Cl) = 2991 \times 0.9993 = 2989 \,[\mathrm{cm^{-1}}]$

$\qquad B(H^{37}Cl) = 10.59 \times 0.9985 = 10.57 \,[\mathrm{cm^{-1}}]$

3.5 HOD 分子では，O–H 結合と O–D 結合の振動エネルギーが異なるので，それぞれの伸縮振動が独立にそのまま基準振動モードになり，変角振動は H_2O 分子と同じように二つの結合角の変化として表される．

3.6 $\quad B = \dfrac{h}{8\pi^2 c I_b} = \dfrac{h}{8\pi^2 c (4 m_F) R^2} = \dfrac{h}{32\pi^2 c\, m_F R^2}$

3.7 $\quad I_a = m_H R^2 + 2 m_H \left(\dfrac{R}{2} \right)^2 = \dfrac{3}{2} m_H R^2$

$\qquad I_b = 2 m_H \left(\dfrac{\sqrt{3}\,R}{2} \right)^2 = \dfrac{3}{2} m_H R^2$

$\qquad I_c = 3 m_H R^2$

3.8 $\quad I_a = (3 m_C + 3 m_H) R_C^{\ 2} + 3 m_H R_H^{\ 2} + 6 m_H R_C R_H$

$\qquad I_b = (3 m_C + 3 m_H) R_C^{\ 2} + 3 m_H R_H^{\ 2} + 6 m_H R_C R_H$

$\qquad I_c = (6 m_C + 6 m_H) R_C^{\ 2} + 6 m_H R_H^{\ 2} + 12 m_H R_C R_H$

第4章

4.1 $\Delta E = \dfrac{h}{4\pi\Delta t} = \dfrac{6.626 \times 10^{-34}}{4 \times 3.14 \times 20 \times 10^{-9}} = 2.64 \times 10^{-27}\,[\mathrm{J}]$

$= 1.33 \times 10^{-4}\,[\mathrm{cm}^{-1}] \qquad (1\,\mathrm{J} = 5.034 \times 10^{22}\,\mathrm{cm}^{-1})$

$= 3.98 \times 10^6\,[\mathrm{Hz}] = 3.98\,[\mathrm{MHz}] \quad (1\,\mathrm{J} = 1.509 \times 10^{33}\,\mathrm{Hz})$

4.2 主量子数 n の原子の光遷移は，主量子数にかかわらず，方位量子数 l が 1 だけ異なる準位間で許容になる．したがって，H 原子の 1s → 2p の遷移は許容になるが，1s → 2s の遷移は禁制である．

4.3 H_2 分子の σ 軌道も σ^* 軌道も，その波動関数は結合軸周りに円筒対称であり，電子の分布による電荷の偏りは生じない．したがって，σ–σ^* 遷移の結合軸に垂直な方向のモーメントは 0 である．

4.4 エチレン（C_2H_4）分子の C–H 結合対称伸縮振動では，分子平面の上下左右で原子核の動きが反対向きで対称であり，分子全体として双極子モーメントの変化が打ち消される．したがって，対称伸縮振動モードは赤外不活性になる．

4.5 $N_1(\infty)B\rho - N_2(\infty)B\rho - N_2(\infty)A = 0$

$\therefore \quad \dfrac{N_2(\infty)}{N_1(\infty)} = \dfrac{B\rho}{B\rho + A} = 1 - \dfrac{A}{B\rho + A} = 1 - \left(\dfrac{1}{\frac{B\rho}{A} + 1}\right)$

4.6 $\Delta E = E_{\frac{N}{2}+1} - E_{\frac{N}{2}} = 2\beta\left\{\cos\dfrac{(N+2)\pi}{2(N+1)} - \cos\dfrac{N\pi}{2(N+1)}\right\}$

第5章

5.1 $-\dfrac{\ln 2}{30}t = \ln\dfrac{1}{1000} \qquad \therefore \quad t = -\dfrac{\ln\frac{1}{1000}}{\ln 2} \times 30 = 300\,[\mathrm{years}]$

放射線が 1000 分の 1 になるのに 300 年かかることになる．

5.2 $\dfrac{I_1}{I_0} = 10^{-\varepsilon cl} = 10^{-7\times 10^3 \times 0.013 \times 1} = 10^{-91}$

厚さが 1 μm になると，

$\dfrac{I_1}{I_0} = 10^{-\varepsilon cl} = 10^{-7\times 10^3 \times 0.013 \times 10^{-4}} = 10^{-0.0091} = 0.98$

となって，98 % 透過するようになる．

5.3 省略．

5.4 一年は 3.2×10^7 秒なので，130 億年は 4.2×10^{17} 秒である．$2.2 \times 10^{-18} \times 4.2 \times 10^{17} = 0.92$ だけ膨張するので，500 nm の光の波長は $500 \times 1.92 = 960\,[\mathrm{nm}]$ となる．

5.5 $E_{\text{NMR}} = g_{\text{N}}\mu_{\text{N}}H = 5.585 \times 5.05 \times 10^{-27} \times 9.4 = 2.65 \times 10^{-25}\,[\text{J}]$

$\qquad\qquad = 400 \times 10^6\,[\text{Hz}] = 400\,[\text{MHz}]$

5.6 $I = \dfrac{V}{R} = \dfrac{100}{1.1} = 91\,[\text{A}]$

5.7 $3.4 \times 0.85 \times 8000 = 23200\,[\text{cm}^{-1}]$

$\qquad \dfrac{1}{23200 \times 100} = 431 \times 10^{-9}\,[\text{m}] = 431\,[\text{nm}]$

で青色の発光になると予想される.

索　引

著者略歴

馬 場 正 昭
ば ば まさ あき

1977 年　京都大学理学部卒業
　　　　　分子科学研究所技官，神戸大学理学部助手，
　　　　　京都大学教養部，総合人間学部，
　　　　　大学院理学研究科教授を経て
現　　在　京都大学名誉教授
　　　　　神戸大学分子フォトサイエンス研究センター客員教授
　　　　　理学博士

主 要 著 書
「改訂版　現代化学の基礎」（共著，学術図書出版社）
「現代物理化学」（共著，化学同人）
「物理化学要論」（共著，学術図書出版社）
「化学がめざすもの」（共著，京都大学学術出版会）

新・物質科学ライブラリ＝6

基礎 量子化学 [新訂版]
―物質の理解で拡がる分子の世界―

2004 年 5 月 10 日 ©	初 版 発 行
2017 年 9 月 10 日	初版第5刷発行
2023 年 8 月 10 日 ©	新 訂 版 発 行

著　者　馬 場 正 昭　　　　　発行者　森 平 敏 孝
　　　　　　　　　　　　　　　印刷者　篠 倉 奈緒美
　　　　　　　　　　　　　　　製本者　小 西 惠 介

発行所　　株式会社 サイエンス社

〒 151-0051　東京都渋谷区千駄ヶ谷 1 丁目 3 番 25 号
営業 ☎ (03) 5474-8500（代）　振替 00170-7-2387
編集 ☎ (03) 5474-8600（代）　FAX (03) 5474-8900

印刷　（株）ディグ　　　製本　（株）ブックアート

《検印省略》

ISBN978-4-7819-1575-3

PRINTED IN JAPAN

サイエンス社のホームページのご案内
https://www.saiensu.co.jp
ご意見・ご要望は
rikei@saiensu.co.jp　まで．

原 子 量 表 （2023）

原子番号	元素	元素記号	原子量	原子番号	元素	元素記号	原子量
1	水素	H	[1.007 84, 1.008 11]	60	ネオジム	Nd	144.242
2	ヘリウム	He	4.002 602	61	プロメチウム	Pm	
3	リチウム	Li	[6.938, 6.997]	62	サマリウム	Sm	150.36
4	ベリリウム	Be	9.012 1831	63	ユウロピウム	Eu	151.964
5	ホウ素	B	[10.806, 10.821]	64	ガドリニウム	Gd	157.25
6	炭素	C	[12.0096, 12.0116]	65	テルビウム	Tb	158.925 354
7	窒素	N	[14.006 43, 14.007 28]	66	ジスプロシウム	Dy	162.500
8	酸素	O	[15.999 03, 15.999 77]	67	ホルミウム	Ho	164.930 329
9	フッ素	F	18.998 403 162	68	エルビウム	Er	167.259
10	ネオン	Ne	20.1797	69	ツリウム	Tm	168.934 219
11	ナトリウム	Na	22.989 769 28	70	イッテルビウム	Yb	173.045
12	マグネシウム	Mg	[24.304, 24.307]	71	ルテチウム	Lu	174.9668
13	アルミニウム	Al	26.981 5384	72	ハフニウム	Hf	178.486
14	ケイ素	Si	[28.084, 28.086]	73	タンタル	Ta	180.947 88
15	リン	P	30.973 761 998	74	タングステン	W	183.84
16	硫黄	S	[32.059, 32.076]	75	レニウム	Re	186.207
17	塩素	Cl	[35.446, 35.457]	76	オスミウム	Os	190.23
18	アルゴン	Ar	[39.792, 39.963]	77	イリジウム	Ir	192.217
19	カリウム	K	39.0983	78	白金	Pt	195.084
20	カルシウム	Ca	40.078	79	金	Au	196.966 570
21	スカンジウム	Sc	44.955 907	80	水銀	Hg	200.592
22	チタン	Ti	47.867	81	タリウム	Tl	[204.382, 204.385]
23	バナジウム	V	50.9415	82	鉛	Pb	[206.14, 207.94]
24	クロム	Cr	51.9961	83	ビスマス	Bi	208.980 40
25	マンガン	Mn	54.938 043	84	ポロニウム	Po	
26	鉄	Fe	55.845	85	アスタチン	At	
27	コバルト	Co	58.933 194	86	ラドン	Rn	
28	ニッケル	Ni	58.6934	87	フランシウム	Fr	
29	銅	Cu	63.546	88	ラジウム	Ra	
30	亜鉛	Zn	65.38	89	アクチニウム	Ac	
31	ガリウム	Ga	69.723	90	トリウム	Th	232.0377
32	ゲルマニウム	Ge	72.630	91	プロトアクチニウム	Pa	231.035 88
33	ヒ素	As	74.921 595	92	ウラン	U	238.028 91
34	セレン	Se	78.971	93	ネプツニウム	Np	
35	臭素	Br	[79.901, 79.907]	94	プルトニウム	Pu	
36	クリプトン	Kr	83.798	95	アメリシウム	Am	
37	ルビジウム	Rb	85.4678	96	キュリウム	Cm	
38	ストロンチウム	Sr	87.62	97	バークリウム	Bk	
39	イットリウム	Y	88.905 838	98	カリホルニウム	Cf	
40	ジルコニウム	Zr	91.224	99	アインスタイニウム	Es	
41	ニオブ	Nb	92.906 37	100	フェルミウム	Fm	
42	モリブデン	Mo	95.95	101	メンデレビウム	Md	
43	テクネチウム	Tc		102	ノーベリウム	No	
44	ルテニウム	Ru	101.07	103	ローレンシウム	Lr	
45	ロジウム	Rh	102.905 49	104	ラザホージウム	Rf	
46	パラジウム	Pd	106.42	105	ドブニウム	Db	
47	銀	Ag	107.8682	106	シーボーギウム	Sg	
48	カドミウム	Cd	112.414	107	ボーリウム	Bh	
49	インジウム	In	114.818	108	ハッシウム	Hs	
50	スズ	Sn	118.710	109	マイトネリウム	Mt	
51	アンチモン	Sb	121.760	110	ダームスタチウム	Ds	
52	テルル	Te	127.60	111	レントゲニウム	Rg	
53	ヨウ素	I	126.904 47	112	コペルニシウム	Cn	
54	キセノン	Xe	131.293	113	ニホニウム	Nh	
55	セシウム	Cs	132.905 451 96	114	フレロビウム	Fl	
56	バリウム	Ba	137.327	115	モスコビウム	Mc	
57	ランタン	La	138.905 47	116	リバモリウム	Lv	
58	セリウム	Ce	140.116	117	テネシン	Ts	
59	プラセオジム	Pr	140.907 66	118	オガネソン	Og	

日本化学会ホームページに掲載の資料を参考にした.